火山和地震

不列颠图解科学丛书

Encyclopædia Britannica, Inc.

中国农业出版社

图书在版编目（CIP）数据

火山和地震 / 美国不列颠百科全书公司编著；李莉
译. -- 北京：中国农业出版社，2012.9（2016.11重印）
（不列颠图解科学丛书）
ISBN 978-7-109-17010-0

Ⅰ.①火… Ⅱ.①美…②李… Ⅲ.①火山—普及读
物②地震—普及读物 Ⅳ.①P317-49②P315-49

中国版本图书馆CIP数据核字(2012)第194726号

www.britannica.com

Britannica Illustrated Science Library
Volcanoes and Earthquakes

© 2012 Editorial Sol 90
All rights reserved.

Portions © 2012 Encyclopædia Britannica, Inc.

Photo Credits: Corbis, ESA, Getty Images, Graphic News, NASA, National Geographic, Science Photo Library

Illustrators: Guido Arroyo, Pablo Aschei, Gustavo J. Caironi, Hernán Cañellas, Leonardo César, José Luis Corsetti, Vanina Farías, Joana Garrido, Celina Hilbert, Isidro López, Diego Martín, Jorge Martínez, Marco Menco, Ala de Mosca, Diego Mourelos, Eduardo Pérez, Javier Pérez, Ariel Piroyansky, Ariel Roldán, Marcel Socías, Néstor Taylor, Trebol Animation, Juan Venegas, Coralia Vignau, 3DN, 3DOM studio

不列颠图解科学丛书
火山和地震

本书简体中文版由Sol 90和美国不列颠百科全书公司授权中国农业出版社于2012年翻译出版发行。
本书内容的任何部分，事先未经版权持有人和出版者书面许可，不得以任何方式复制或刊载。
著作权合同登记号：图字01-2010-1418号

编　　著：美国不列颠百科全书公司
项 目 组：张　志　刘彦博　杨　春
策划编辑：刘彦博
责任编辑：刘彦博
翻　　译：李　莉
译　　审：张鸿鹏
设计制作：北京亿晨图文工作室（内文）；惟尔思创工作室（封面）
出　　版：中国农业出版社
　　　　　（北京市朝阳区农展馆北路2号　邮政编码：100125　编辑室电话：010-59194987）
发　　行：中国农业出版社
印　　刷：北京华联印刷有限公司
开　　本：889mm×1194mm　1/16
印　　张：6.5
字　　数：200千字
版　　次：2012年12月第1版　2016年11月北京第2次印刷
定　　价：50.00元

火山和地震

目 录

克什米尔，2005年

当印度次大陆上发生了撼动喜马拉雅山的大地震之后，50岁的农民紧紧抓住他妻子的手。那次地震夺走了8 000条生命，使成千上万的人无家可归。

自然的力量

有些照片会说话，有些手势传达的情感远远多于语言，就像这两只紧紧握在一起的手，在未知的恐惧面前互相寻求安慰。这张照片于2005年10月8日拍摄自克什米尔地区，当时该地区经历了历史上最强的地震，且余震不断。这两只紧紧握住的手传达了恐惧和惊慌，诉说了脆弱和无助，以及面临混乱时的坚持。与暴风雨和火山爆发不同，地震是不可预知的，会在数秒之间爆发，没有任何预警。地震带来巨大的破坏，夺走无数生命，迫使数百万人逃离家园。地震之后呈现出一片令人恐惧的景象：到处都是残垣断壁，很多人受伤或死亡，活着的人绝望地徘徊，孩子们在哭喊，300多万人无家可归，需要帮助。在历史上，地球曾多次经受或大或小的地震，这些地震造成了极大的灾害，其中最著名的地震之一是1906年发生在旧金山的地震。那次地震震级为里氏8.3级，造成了近3 000人死亡，远在美国北部的俄勒冈州和加利福尼亚州南部的洛杉矶都有震感。

本书的目的是帮助你更好地了解断层的成因以及地球深处的力量量级和破坏能量。本书图文并茂，提供了很多城市被地震和火山袭击之后的图片，其景象令人震惊。地震和火山都是自然现象，火山喷发能够在数秒钟内释放出大量燃烧着的熔浆，摧毁建筑物、公路、桥梁、天然气和自来水管线，破坏整座城市的电力供应或电话服务。如果不能迅速控制火山喷发引发的火势，将会造成更大的破坏性后果。靠近海岸线的地震能够引起海啸，波浪在海洋中以飞机飞行的速度运动。冲到岸边的海啸产生的破坏力会远远大于地震本身。2004年12月26日，整个世界目睹了史上最令人难忘的自然灾难之一。那天，一次里氏9级的海底地震袭击了东印度洋，引发了海啸，而海啸袭击了亚洲印度洋沿岸地区的8个国家，造成了23万人死亡。那次地震是地震仪发明之后记录到的第五大地震。卫星图像显示了那次灾难之前和之后该地区的地貌变化。

纵观历史，几乎所有的古人类和大型社会组织都将火山视为神或其他超自然生物的居住地，将此解释为山脉的愤怒。比如在夏威夷神话中，火山女神裴蕾用火来清洁世界，并使土壤变得肥沃。人们相信她是一种创造性的力量。现在，专家们试图预测火山会在什么时候开始喷发，因为一旦火山开始喷发，数小时之内，熔岩流就会将一片富饶之地变成一片光秃秃的荒野。不仅熔岩会破坏其前进道路上的一切，而且火山爆发喷出的气体和火山灰会取代空气中的氧气，毒害人类和动植物。令人惊奇的是，在被摧毁的地方会重新出现生命。经过一段时间之后，熔岩和火山灰被分解掉，使得这个地方的土壤变得异常肥沃。正是由于这个原因，很多农民不顾潜伏着的危险，继续居住在这些"冒烟的山脉"旁。或许是因为住得离危险地带如此之近，他们已经明白没有人能够控制自然的力量，剩下唯一能做的就是简单地生活。●

无休止的运动

夏威夷火山国家公园的地形在不断地发生变化，这里每时每刻都见证着生命的开始与结束。从火山流淌出的熔岩常常会沿着山坡流入大海。当炙热岩浆流入水中，岩浆迅速冷却并重新凝结形成新的岩石，这些岩石成为了海岸线的一部分。经由这个过程，火

绳状熔岩
一种夏威夷熔岩。该熔岩沿着基拉韦厄火山流入大海。

山岛在不断地成长，这里所有的事物时时刻刻都在发生着变化。前一天岩浆沿着火山的山坡流淌下来，第二天便会形成新的、银灰色的岩石。运用显微镜对熔岩样本的持续研究有助于火山学家发现岩石的矿物构成，并为探究火山的未来可能动向提供了线索。●

炙热的熔岩流

地球内部的绝大部分物质处于一种炽热的液体状态，温度极高。除了其他气体之外，这个巨大的融化岩石体还含有溶解的水晶和水蒸气，这就是我们所说的岩浆。当部分岩浆通过火山活动的形式向地球表面方向涌动时，就被称为熔岩。熔岩一旦到达地球表面或者海床，就开始冷却凝固，按其原始的化学成分形成不同类型的岩石。这就是形成地球表面的基本过程，也是地球表面不断变化的原因。科学家们对熔岩进行研究，以便更好地了解我们所居住的星球。●

火流

熔岩是所有火山喷发的核心动力。根据所含气体和化学成分的不同，熔岩的特点也各不相同。火山喷发出的熔岩含有水蒸气、二氧化碳、氢、一氧化碳和二氧化硫等气体。当这些气体排出时会进入大气，形成紊流云，有时会造成暴雨。火山喷射出的熔岩碎片可以分为火山弹、火山渣和火山灰。有些大的碎片会跌落到火山口的凹陷处。熔岩流动的速度很大程度上取决于火山的陡峭程度。有些熔岩流的长度可以达到145千米，速度可以达到50千米/小时。

高温

熔岩温度能够达到1 200℃。熔岩温度越高，流动性越大。当熔岩的体量巨大时，就会形成火的河流。随着熔岩不断冷却和凝固，它的流动速度会越来越慢。

矿物成分

熔岩含有大量的硅酸盐，这是一种轻质岩石矿物，占地壳体积的95%。熔岩内含量位居其次的是水蒸气。硅酸盐决定了熔岩的黏滞度，也就是流动性能。根据黏滞度的不同，形成了最常见的熔岩分类系统之一：玄武岩熔岩、安山岩熔岩和流纹岩熔岩（按硅酸盐含量从低到高排列）。玄武岩熔岩会形成长长的河流，比如典型的夏威夷火山喷发通常会形成此类景象；而流纹岩由于流动性差，通常是爆炸性喷发；安山岩熔岩是以安第斯山脉命名的，因为此类熔岩在此处最为常见，这是一种中等黏滞度的熔岩类型。

48%
其他成分

52%
硅酸盐

岩石循环

熔岩一旦冷却，就形成火成岩。由于风化以及变质作用和沉降作用等自然过程，这种岩石会形成其他种类的岩石，下沉到地球内部之后，重新变成融化的岩浆。这个过程称为岩石循环，要经过数百万年才能完成。

沉积岩
由受侵蚀和被紧压的物质形成的岩石。

变质岩
它们的原始结构由于热能和压力而发生变化。

变回熔岩

变回熔岩

2. 火成岩
地球表面的熔岩硬化后形成的岩石。玄武岩和花岗岩是典型的火成岩。

1. 熔岩
以液体形式溢出到地球表面的岩浆。

固体熔岩
当温度低于900℃时，熔岩凝固。黏滞度最高的熔岩形成粗糙的地形，到处都是尖锐的岩石；而流动性更高的熔岩，通常会形成更平坦光滑的岩石。

液态熔岩的平均温度为

1 000℃。

熔岩的类型
玄武岩熔岩通常分布在岛屿和大洋中脊中，其流动性非常高，因此在流动时四处蔓延。安山岩质熔岩能够形成很多岩层，最厚可达40米，其流动非常缓慢。而流纹岩熔岩黏滞度非常高，因此在到达地面之前就变成了固体碎片。

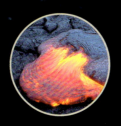

安山岩质熔岩
硅酸盐：63%
其他成分：37%

流纹岩熔岩
硅酸盐：68%
其他成分：32%

地球的悠久历史

根据天文学家的星云假说，地球与其他行星和太阳的形成方式与形成时间是一致的，这一切都是46亿年前从一个巨大的氢氦云团以及小部分较重的物质开始的。地球由其中一个"小"旋转云团形成，在这个云团中，粒子不断互相碰撞，产生极高的温度。后来，发生了一系列的作用，形成了地球目前的形状。●

从混沌到如今的地球

地球形成于46亿年前。开始时，地球是太阳系中一个炽热的岩石体。第一次明显的生命迹象出现在36亿年之前的海洋中，从那以后，地球上的生命在不断扩大和多样化。变化从未停止过，而且据专家预测，未来会发生更多的变化。

45亿年前

冷却

第一层外壳由于暴露在太空中冷却而形成。地球的各地层由于其密度不同而产生分化。

46亿年前

形成

物质积聚形成固体的过程，也就是吸积（天体因自身的引力俘获其周围物质，而使其质量增加的过程）过程停止了，地球的体积停止增长。

6 000万年前

第三纪的褶皱作用

褶皱作用开始产生效果，形成了当今世界上最高的山脉（阿尔卑斯山、安第斯山和喜马拉雅山），并继续造成地震，直到现在。

5.4亿年前

古生代

分裂

形成了主要的大陆板块，后来分裂开来，成为现今各大陆的起源。海洋到了其扩张速度最快的阶段。

10亿年前

超大陆

最初的超大陆罗迪尼亚形成，但是在大约6 500万年前，这块超大陆完全消失了。

40亿年前

陨石碰撞

其频率是如今陨石撞击地球频率的150倍。这些碰撞活动蒸发了原始海洋，造成了如今所有已知生命形式的出现。

38亿年前

太古宙

稳定状态

形成大气、海洋和原始生命的作用得到增强。同时，地壳变得稳定，地球上的第一批板块出现了。由于其重量，这些板块沉入了地幔，为新板块让路。这个过程一直持续到今天。

当第一层地壳冷却之后，剧烈的火山活动从星球内部释放气体，而那些气体形成了大气和海洋。

超级火山的年龄

以科马提岩为标志，科马提岩是一种火成岩，但是如今非常少见了。

最古老的岩石出现了。

22亿年前

变暖

地球再次变暖，冰川退却，给海洋让路，而新的生命体从海洋产生。臭氧层开始形成。

23亿年前

"雪球"

第一次大冰川期作用假说。

18亿年前

元古宙

大陆

由重量较轻的岩石构成的第一批大陆出现了。在劳伦古大陆（现在的北美洲）和波罗的海有大片的多岩地区，都可以追溯到那个时代。

堆积层

地球表面向地心深度每增加33米，温度增加1℃。地心温度虽然高达6 700℃以上，但是由于承受着巨大的压力，地心被认定为固体。一个人要到达地心，必须要经过界限分明的四层。覆盖地球表面的气体也分为数层，其成分各不相同。外部和内部力量作用在地壳表面，塑造并永久性地改变着地壳的外表。●

地壳

地壳是地球的固体外层，在海洋下的厚度为4~15千米，而在山脊下最厚则可达70千米。陆上的火山和大洋中脊的火山活动生成新的岩石，构成了地壳的一部分。地壳底部的岩石很容易熔化变成岩石地幔。

图例 ● 沉积岩　● 火成岩　● 变质岩

大陆架
在海洋地壳与大陆相连接的部分，火成岩由于热量和压力作用而变成了变质岩。

大洋中脊
岩浆在沿大洋中脊伸展的裂缝中凝固，形成新的玄武岩，从而重新构建海底。

海岛
火成岩是构成海岛的最主要成分，另外还有一些沉积岩。

坚硬的外壳
地壳是由火成岩、沉积岩和变质岩构成的，不同的地形，其特有的岩石组合也各不相同。

山脉
由3种岩石以大致相同的比例构成。

地壳
厚5~70千米

花岗岩基
深成岩体可以在地下凝固成大量的花岗岩。

深成岩体
是升起的岩浆在地壳内冷却后的聚合体。其英文名字源于普鲁托，即罗马神话中的地狱之神。

内部岩石
山脉的内部由火成岩（绝大部分是花岗岩）和变质岩构成。

滨海岩石
沉积物的岩化层，这些沉积物通常是黏土和鹅卵石，是高山侵蚀作用的产物。

气袋

空气和影响我们生活的绝大部分天气活动只发生在地球大气层的最底层，这层相对较薄的大气层被称为对流层，在赤道地区厚16千米，但在两极地区的厚度只有7千米。大气的每一层都有其独特的组成成分。

低于
18千米
对流层
含有大气层75%的气体以及几乎所有的水蒸气。

低于
50千米
平流层
非常干燥，水蒸气在这一层凝结并落下。臭氧层位于这一层。

低于
80千米
中间层
温度在−90℃，从这一层往上，温度逐渐升高。

低于
450千米
电离层（热层）
这一层密度非常低。在250千米以下，绝大部分是由氮构成的，在这个高度以上，绝大部分是氧气。

低于
480千米
外逸层
没有确定的外围界线。这一层含有较轻的气体，比如氢和氦，且绝大部分都已经离子化了。

上层地幔
厚710千米

下层地幔
厚2 250千米
成分与地壳类似，不过呈液态，并处于巨大压力之下，其温度在1 000~4 500℃。

岩石圈 ——— **厚100千米**
包括上层地幔的固体外层以及地壳。

岩流圈 ——— **厚480千米**
岩石圈下面是岩流圈，由部分熔化的岩石构成。

外核
厚2 375千米
成分主要是熔化的铁和镍，以及其他金属，温度在4 700℃以上。

内核
半径1 100千米
由于处于极大的压力之下，内核呈现为固体状态。

板块的漂移

1910年，地球物理学家阿尔弗雷德·韦格纳提出大陆在不断移动的观点，但是当时这个观点看起来很荒谬，也没有办法对此作出解释。但是仅仅半个世纪之后，板块构造理论就能够解释这种现象了。海底的火山活动、对流和地幔中的岩石熔化为大陆漂移提供了动力，而大陆漂移如今仍然在塑造着我们星球的表面。●

大陆漂移

▶ 最初的大陆漂移观点认为大陆是漂浮在海洋上的。这种观点已经被证明是错误的。七个构造板块包括大陆和海底的一部分。这些板块在熔化的地幔上漂移，就像巨型的贝壳。根据它们的运动方向，它们的边界可能会聚合（当它们相向运动时）、分离（当它们趋向于要分开时），或者在水平方向滑过对方（沿着转换断层移动）。

隐藏的发动机

▶ 熔化的岩石的对流运动推动地壳运动。不断升起的岩浆在分离板块边缘形成新的地壳。在分离板块边缘，地壳熔化进入地幔。因此，构造板块就像一个传送带，大陆板块在它上面移动。

2.5亿年前

那时候形成当今各大陆的陆地是一整块（泛古陆），被海洋所包围。

泛古陆

1.8亿年前

像南极板块一样，北美板块分离出来。超大陆冈瓦那大陆（南美洲和非洲）已经开始分离，并形成了南大西洋。南亚次大陆正在从非洲分离出来。

劳亚古大陆

冈瓦那大陆

南极洲

纳兹卡板块

汤加海沟

东太平洋脊

秘鲁—智利海沟

5厘米
这是一般情况下板块在一年中移动的距离。

聚合板块边缘
当两块板块相碰撞时，一块板块沉入另一块的下面，形成俯冲消减带，这造成了地壳的褶皱运动和火山活动。

印澳板块

对流
最热的熔化了的岩石升起。一旦升起之后，就会冷却并再次下沉。这个过程在地幔中产生了持续的对流活动。

外向运动
岩浆作用引起了构造板块朝向其远端俯冲消减带的运动。

1亿年前

大西洋已经形成，南亚次大陆正向亚洲方向移动，当两块大陆互相碰撞时，喜马拉雅山就会上升。大洋洲正在从南极洲分离出来。

6 000万年前

当时的各大陆与其现在的位置接近。南亚次大陆正开始与亚洲相撞。地中海正在显现，而褶皱作用已经发生，将形成现今世界上最高的山脉。

各大陆再次漂移到一起所需要的时间为

2.5亿年。

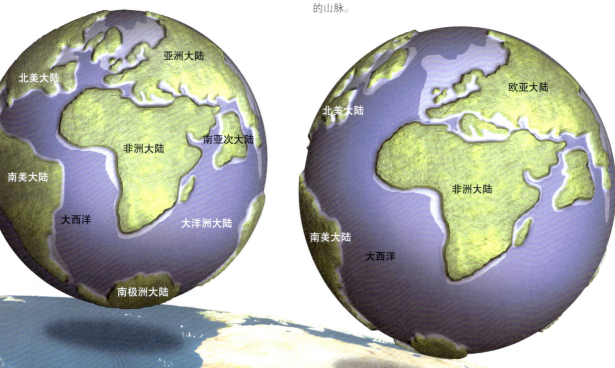

1亿年前的地球
北美大陆　亚洲大陆　非洲大陆　南亚次大陆　南美大陆　大西洋　大洋洲大陆　南极洲大陆

6 000万年前的地球
北美大陆　欧亚大陆　非洲大陆　南美大陆　大西洋

南美板块
大陆花岗岩

大西洋中脊

分离板块边缘
当两个板块分离时，它们之间形成一条裂缝。岩浆施加巨大的压力，在凝固后不断地重构海底。大西洋就是这样形成的。

非洲板块

东非大裂谷

索马里次级板块

俯冲消减带

大陆地壳

扩展
在分离板块边缘，岩浆升起，形成新的大洋地壳。当板块汇聚时，就会产生褶皱运动。

海底裂缝

海底在不断扩张，这种观念已经被研究了很多年了。新的地壳在海底不断形成。海底有很深的海沟、平原和山脉。海底的山脉比大陆上发现的那些山脉更高，但是具有不同的特征。这些巨大山脉的山脊称为大洋中脊。

火山活动。断裂带是地壳相对狭窄地区的裂缝，地壳沿着这些裂缝分裂。1.8亿年前，冈瓦纳大陆分裂，形成了一条裂缝。大西洋就是沿着这条裂缝生长形成的，且如今仍在不断扩张中。

海底的地壳

沿着断裂带，新海底地壳不断生成，为一个看起来永不休止的过程提供了动力。在这个过程中，新的岩石圈形成，从大洋中脊的质峰上被输送出来，就像被放置在一个传送带上。根据这种情况，科学家们预计，再经过2.5亿年，各大陆被不断继续扩张的海底推动，会重新集合在一起，形成一个新的泛古陆。大洋板块与大陆板块在活跃的俯冲消减带边缘或者不活跃的大陆边缘（大陆架和大陆坡）相接。海底俯冲消减带（被称为海沟）也出现在大洋板块之间，那里是地球上最深的地方。

最高点8 848米
（珠穆朗玛峰）

高度和深度

深海盆约占地球表面积的30%。海沟的深度远远大于最高山脉的高度，如下面图中左侧所示。

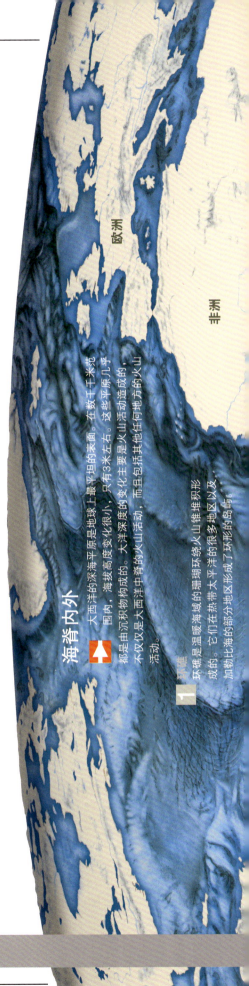

海脊内外

大西洋的深海平原是地球上最平坦的表面，在数千千米范围内，海拔高度变化很小，只有3米左右。这些平原几乎都是由沉积物构成的。大洋深度的变化主要是火山活动造成的，而且包括其他任何地方的火山活动。

1 环礁是温暖海域的珊瑚环绕火山锥堆积形成的。它们在热带太平洋形成了很多环形的岛屿以及加勒比海的部分地区形成了环形的岛屿。

欧洲　非洲　北美洲　中美洲　南美洲　大洋洲　亚洲　放大区域

欧洲　非洲

南美洲

870米 陆地平均海拔高度

0米 海平面高度

3 730米 海洋平均深度

最大深度约11 034米（马里亚纳海沟）

磁力

反向磁性

正向磁性

热水和溶解的矿物

火山烟雾

海底黑烟囱

枕状熔岩

主岩体内的岩墙

海洋岩石圈

岩流圈

磁性逆转

地球磁场周期性地改变方向，地磁北极与南极变换位置。在磁极逆转期间，凝固的岩石被磁化，其磁性与新生成的岩石相反。磁性与当前地球磁场方向一致的岩石被称为正向磁极，而那些具有相反方向磁极的岩石被称为反向磁极。

2 海底山脉

孤立的火山锥，有些上升到海平面以上，成为岛屿，比如亚速尔群岛。

大洋中脊是如何形成的

数十千米宽的一层海绵状岩石层从裂缝中升起。当这层岩石平行断裂并离开裂缝之后，凝固成与裂缝平行的巨大岩石体，由岩墙分隔开来。于是海洋随着中脊的扩张而不断变得更宽广。在中脊顶弧3.5千米以下，岩浆以凌态形式存在。

地壳中的褶皱作用

构造板块运动引起地壳的变形和断裂，特别是在聚合板块的边缘。在数百万年中，这些变形产生了被称为地层褶皱的明显特征，形成了山脉。地形的某些特征类型为了解地球地质史上的重大褶皱运动提供了线索。●

地壳变形

地壳是由一层层坚固的岩石构成的。板块之间由于运动速度和方向不同而产生构造作用力，使得这些岩石层灵活地伸展、流动或断裂。山脉在这个过程中形成，这通常需要数百万年的时间。然后外部作用力开始活动，比如风、冰和水的侵蚀作用。如果下滑作用将岩石从正在使之变形的压力下解放出来，那么岩石会返回到以前的状态，并可能会引起地震。

1 处于持续的水平构造作用力影响下的部分地壳遇到阻力，导致岩石层变形。

2 通常更加刚硬的外层岩石层会断裂而形成断层。如果一个岩石层边缘滑动到了另一个岩石层的下面，就形成了逆冲断层。

3 尽管受到侵蚀作用的影响，但是岩石层的成分还是可以显示褶皱的起源。

三次最大的褶皱运动

地球的地质史上发生过三次大的造山过程，称为"造山运动"。在前两次造山运动时期（加里东期和海西期）形成的山脉如今都比较低矮，因为它们已经经受了数百万年的侵蚀作用的影响。

材料 岩化层的泥岩、板岩和砂岩。

三叶虫

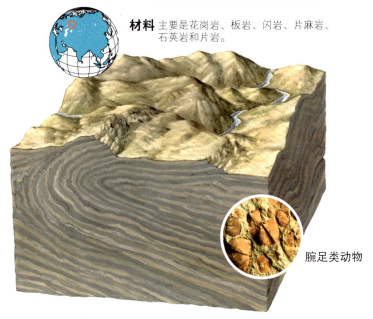

材料 主要是花岗岩、板岩、闪岩、片麻岩、石英岩和片岩。

腕足类动物

4.3亿年前

加里东造山运动

形成了加里东山脉。如今在苏格兰、斯堪的纳维亚半岛和加拿大仍然能看到加里东山脉的残余部分（都在那个时期碰撞到一起）。

3亿年前

海西造山运动

发生在泥盆纪晚期和二叠纪早期之间。海西造山运动比加里东期造山运动的意义更加重要。这次活动形成了欧洲的中西部，产生了大量的铁矿和煤矿脉。这次造山运动形成了乌拉尔山脉、北美洲的阿巴拉契亚山脉、部分安第斯山脉和塔斯马尼亚岛。

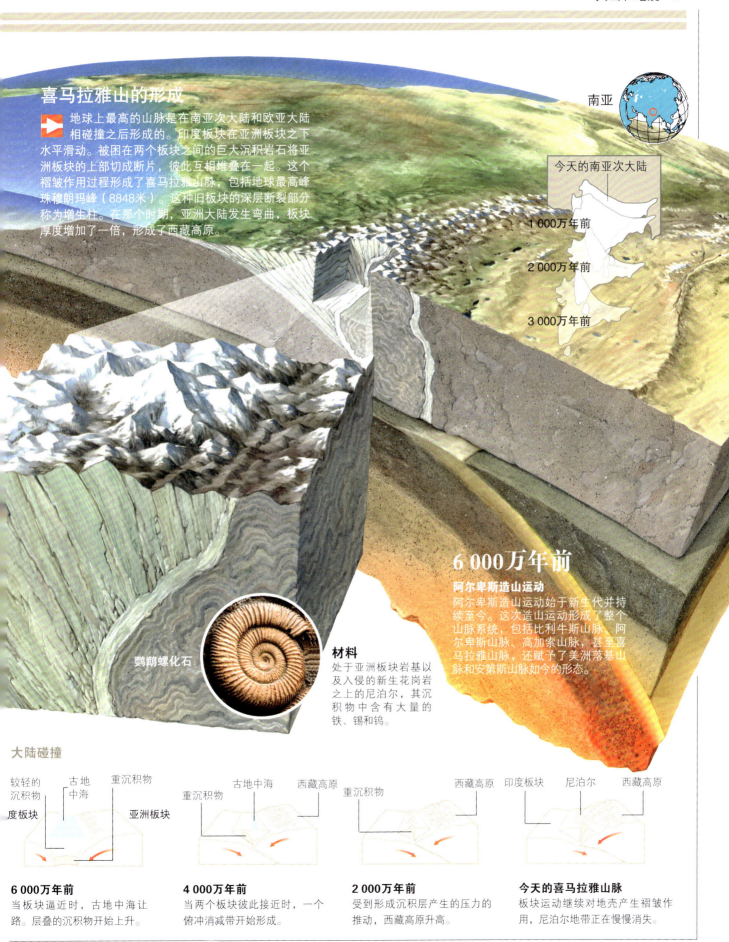

喜马拉雅山的形成

地球上最高的山脉是在南亚次大陆和欧亚大陆相碰撞之后形成的。印度板块在亚洲板块之下水平滑动。被困在两个板块之间的巨大沉积岩石将亚洲板块的上部切成断片，彼此互相堆叠在一起。这个褶皱作用过程形成了喜马拉雅山脉，包括地球最高峰珠穆朗玛峰（8848米）。这种旧板块的深层断裂部分称为增生柱。在那个时期，亚洲大陆发生弯曲，板块厚度增加了一倍，形成了西藏高原。

南亚

今天的南亚次大陆

1 000万年前

2 000万年前

3 000万年前

鹦鹉螺化石

材料
处于亚洲板块岩基以及入侵的新生花岗岩之上的尼泊尔，其沉积物中含有大量的铁、锡和钨。

6 000万年前

阿尔卑斯造山运动
阿尔卑斯造山运动始于新生代并持续至今。这次造山运动形成了整个山脉系统，包括比利牛斯山脉、阿尔卑斯山脉、高加索山脉，甚至喜马拉雅山脉，还赋予了美洲落基山脉和安第斯山脉如今的形态。

大陆碰撞

较轻的沉积物　古地中海　重沉积物
度板块　　　　　　　　　亚洲板块

重沉积物　古地中海　西藏高原

重沉积物　　　　　西藏高原

印度板块　尼泊尔　西藏高原

6 000万年前
当板块逼近时，古地中海让路。层叠的沉积物开始上升。

4 000万年前
当两个板块彼此接近时，一个俯冲消减带开始形成。

2 000万年前
受到形成沉积层产生的压力的推动，西藏高原升高。

今天的喜马拉雅山脉
板块运动继续对地壳产生褶皱作用，尼泊尔地带正在慢慢消失。

地层褶曲

形成山脉的力量也在山脉内部对岩石进行塑造。在长达数百万年的压力作用下，地壳层形成了奇怪的形状。始于4.5亿年前的加里东造山运动创造了长长的山脉，将美国的阿巴拉契亚山脉与斯堪的纳维亚半岛连在了一起。在这个过程中，整个英格兰北部都被抬高了。古代的亚皮特斯海曾经位于两块相撞的大陆之间。沉积岩从这里的海底被提升，并保持了与过去相同的状态。●

志留纪

这是该褶皱形成时的地质时代的名称。

1. **三块大陆**
加里东造山运动是由于三块古大陆劳亚古陆、冈瓦纳古陆和波罗的古陆碰撞产生的。在它们之间的亚皮特斯海底所蕴含的沉积物形成了如今的威尔士海岸岩床。

4.4亿
年前

3.95亿
年前

2. **山脉**
如今可以在英格兰、格陵兰和斯堪的纳维亚海岸看到长长的加里东山脉。自从创造它们的构造运动停止之后，它们就一直不断受到磨损侵蚀，形状一直处于重塑过程中。

砂岩

石灰石

成分

在山脉被远古大陆的碰撞提升起来之前，地面受到持续的侵蚀作用，在海岸上堆积了大量的沉积物。这些沉积物后来形成了岩石，构成了如今图中所见到的褶皱。正如岩石形状所清楚显示的那样，构造作用力挤压了本来处于水平位置的沉积物，使它们弯曲。现在可以在威尔士古海岸卡迪根湾看到这种现象。

砂岩

泥岩

**英国
威尔士**

纬度: 北纬51° 30'
经度: 西经3° 12'

位置	卡迪根湾
长度	64千米
岩石性质	沉积岩
地层褶曲	单斜褶曲

断层的运动

断层是在地壳上产生的小的断裂。很多断层可以很容易看到，比如穿越加利福尼亚州的圣安德烈斯断层，但是，其他的断层则隐藏在地壳中。当一个断层突然断裂时，就会引发地震。有时候断层线会让处于较低层的熔岩在某些地点突破封锁，冲到地面，形成火山。●

沿断层线发生的相对运动

断层边界通常不会形成直线或直角，它们的表面方向会发生变化，纵向的倾斜角称为"倾斜"。断层的分类取决于断层的成因，以及形成断层的两个板块之间的相对运动过程。当构造作用力水平挤压地壳时，断裂造成地面的一部分上升到另一部分的上面。与此相反，当两侧断层受到张力作用（拉开）时，一侧的断层会滑落到另一侧断层形成的斜坡下面。

断层两侧错开的距离为

566千米。

正断层

这种断层是水平张力作用的产物。其运动主要是纵向的，断层面上方的巨大岩块（上盘）相对于断层面下方的岩块（下盘）向下移动。其断层面一般与水平面形成60°角。

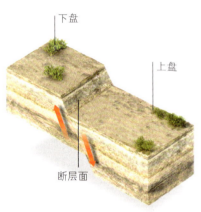

下盘　上盘　断层面

② 逆断层

这种断层是由于挤压地面的水平力量造成的。断裂造成地壳的一部分（上盘）向另一部分（下盘）之上滑动。冲断层（见第18~19页）是逆断层的一种常见形式，可以延伸数百千米。但是，倾角大于45°的逆断层通常只有几米长。

下盘　上盘

倾角

斜滑断层

这种断层既有水平运动，也有垂直运动。因此，断层边缘的相对位移可能是斜向的。在最古老的断层中，侵蚀作用通常会消除周围地形之间的差异，但是在年代更近的断层中，会形成峭壁。取代大洋中脊的转换断层就是斜滑断层的具体实例。

抬高的岩块

罗杰斯河
康科德绿谷
奥克兰
魔鬼山
旧金山
格林维尔
海沃德
卡拉维拉
圣格雷戈里奥

太平洋

相反方向
太平洋板块的西北方向运动和北美板块的东南方向运动在这个地区造成了褶曲和裂缝。

走滑断层

在这种断层中，板块主要沿同地球表面平行的水平方向做相对运动，与断面方向平行，但是与断层面不平行。板块之间的转换断层通常就属于这种类型。这种断层不是一个断面，通常是由一个较小的断裂系统构成的。这些断裂都向一条中心线倾斜，或多或少地彼此平行。这个系统可能有数千米宽。

沿断层线发生的相对运动

由于摩擦力的作用和表面的断裂，转换断层产生逆向断层，同时在其运动过程中对它们进行改变。圣安德烈斯断层扭曲的河流和小溪有3种典型形式：构造断层移位河床、改道河床和方向几乎与断层倾斜的河床。

1

改道河床
由于断裂，河流改道。

2

移位河床
看起来河床沿着断层线的部分"断掉了"。

美国西海岸

加利福尼亚州长度：	1 240千米
断层长度：	1 300千米
断层最大宽度：	100千米
最大位移（1906年）：	6米

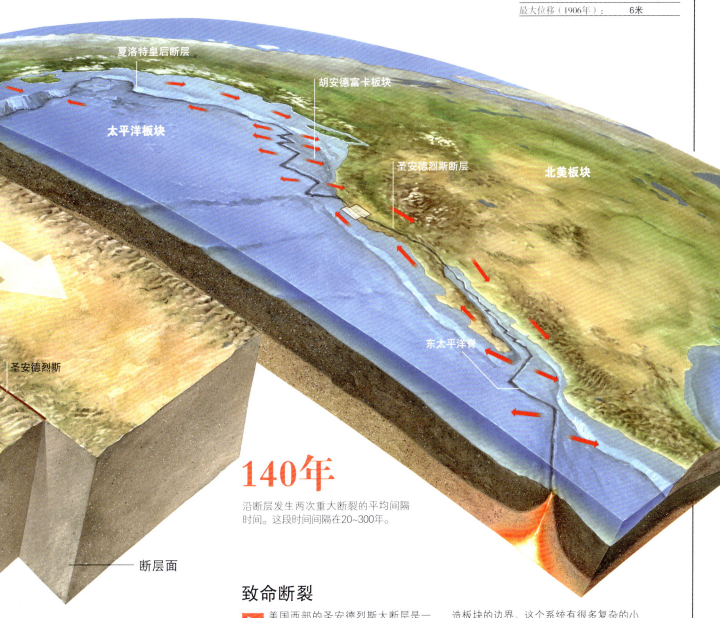

夏洛特皇后断层

胡安德富卡板块

太平洋板块

圣安德烈斯断层

北美板块

圣安德烈斯

东太平洋脊

140年

沿断层发生两次重大断裂的平均间隔时间。这段时间间隔在20~300年。

断层面

过去和未来
大约3 000万年前，加利福尼亚半岛位于如今墨西哥海岸的西面。从现在开始的3 000万年之后，该半岛可能会位于加拿大海岸外的某处。

致命断裂

美国西部的圣安德烈斯大断层是一个断层系统的支柱。自从1906年发生了将旧金山夷为平地的大地震之后，人们对这个系统的研究投入的精力比对地球上其他任何一个系统都多。这基本上是一个水平转换断层，构成了太平洋和北美构造板块的边界。这个系统有很多复杂的小断层，总长度达1 300千米。如果两个板块在滑过对方时平滑顺利，就不会发生地震。但是，板块的边缘彼此接触，当坚硬的岩石不能承受不断增加的张力时，就会断裂，并引发地震。

火 山

埃 特纳火山一直都是活火山，正如我们从参考资料中所看到的一样，在其历史中一直处于活动状态。可以这样说，这座火山从来就没有给美丽的西西里岛片刻安宁。希腊哲学家柏拉图是第一个研究埃特纳火山的人。他专门到意大利近距离观察火山喷发，然

埃特纳火山
埃特纳火山高3 295米，是欧洲最大，也是最活跃的火山。

后描述岩浆如何冷却。现在，埃特纳火山继续间歇性喷发，吸引数万名游客前来观赏由炽热的爆炸产生的壮观的焰火。得益于这个地区良好的天气条件和持续的强风，此壮观景象在整个西西里岛东岸都能看到。●

燃烧的火炉

火山是我们所在的星球内部动态最强烈的表现形式之一。火山从地球表面释放出来的岩浆能够摧毁周边的地区：爆炸、巨大的熔岩流、大火和天空中像雨一样落下的火山灰。自远古时代，人类就惧怕火山，甚至将它们冒烟的火山口视为通往地狱的入口。每座火山都有活跃期，在这个周期内，火山能够改变地形和气候。活跃期过后，火山会熄灭。

山脉火山
很多火山是由聚合板块边缘俯冲带发生的运动引起的。

1 当两个板块相聚时，一个板块在另一个板块下运动（俯冲消减）。

2 岩石熔化并形成新的岩浆。在板块之间积聚了巨大的压力。

3 地壳内的热量和压力迫使岩浆从岩石缝隙中渗漏，并上升到地面，造成火山喷发。

火山的生命与死亡：破坏火山口的形成

1. 爆炸性喷发能够排放大量的熔岩、气体和岩石。

2. 火山道和岩浆房会留下气孔。

岩浆喷发

火山口
凹陷处或洼地，火山喷发从此处排出黏稠物质（岩浆、气体、蒸汽、火山灰等）。

火山灰形成的云层

熔岩流
从火山侧面流下来。

火山锥
由层叠的火成岩构成，在以前的火山喷发中形成。每次发生岩浆流都会增加新的一层。

寄生火山
复合火山锥有多条火山道。

次级火山道

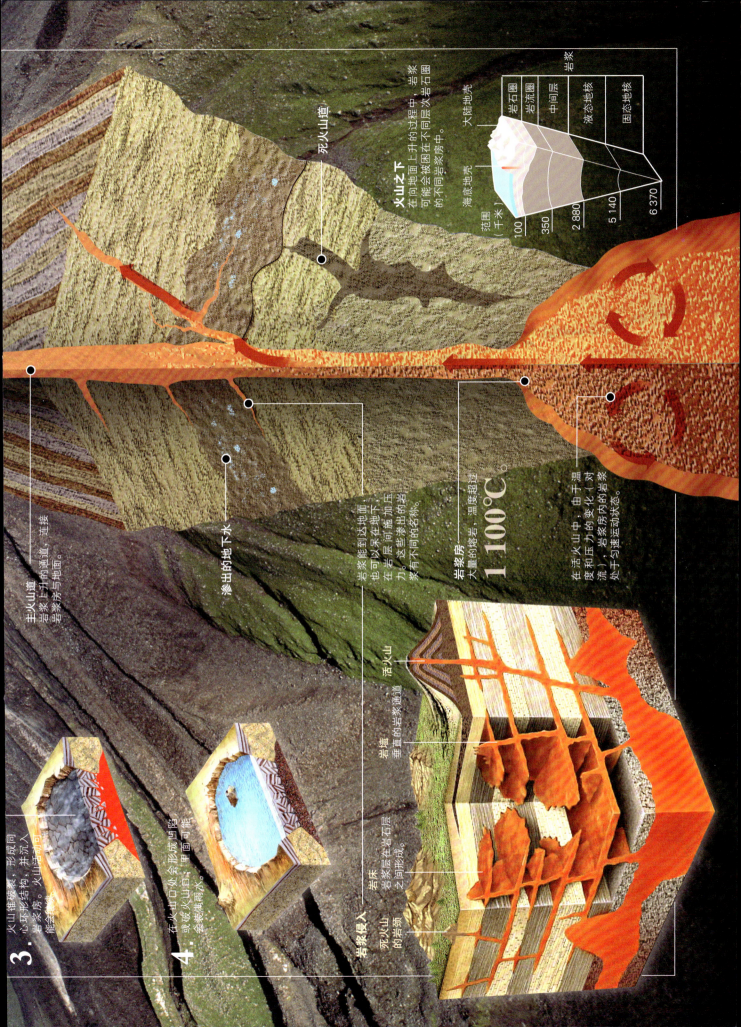

火山之下
在向地面上升的过程中，岩浆会被困在不同层次这各岩石圈的不同岩浆房中。

大陆地壳
海底地壳

岩石圈 | 岩流圈 | 中间层 | 液态地核 | 固态地核 | 岩浆 | 岩浆

范围（千米）　100　350　2 880　5 140　6 370

死火山道

主火山道
岩浆上升的通道，连接岩浆房与地面。

渗出的地下水
岩浆能到达地面，也可以呆在地下。在岩层间施加压力，这些渗出的岩浆有不同的名称。

岩浆房
大量的熔岩，温度超过 **1 100℃**。

在活火山中，由于温度和压力的变化（对流），岩浆房内的岩浆处于匀速运动状态。

活火山
垂直的岩浆通道。

岩墙

岩床
岩浆层在岩层之间形成。

岩浆侵入

死火山
死火山口会形成凹陷或破火山口，里面可能会装满雨水。

3. 火山锥破裂，形成同心环形结构，并沉入岩浆房。火山本身可能会装满……

4.

分 类

地 球上没有任何两座火山是完全相同的，依据它们的特点可以将其分成6个基本类型进行研究：盾状火山、火山渣锥、层状火山、熔岩穹丘、裂隙火山和破火山口。火山的形状取决于火山源、喷发开始的类型和火山活动的伴随过程。有时候也按火山对周围地区的生命造成危险的程度进行分类。●

最常见的火山
层状火山或复合型火山锥沿着太平洋板块边缘的一个被称作"火环"的区域成串分布。

层状火山的火山口

主火山道

熔岩流

支线火山道

岩床

熔岩穹丘
周边由"坚硬"的熔岩积聚形成，由于熔岩的硅含量很高而产生了黏滞性。熔岩不流动，而是在适当的位置迅速硬化。

层叠的火山灰

火山渣锥
锥状圆形土石堆，高度可达300米。当散落的岩屑或火山灰在火山口附近堆积时，就形成了火山渣锥。这些火山锥一般都有斜坡，角度在30°~40°。

盾状火山
这些火山的直径远远大于它们的高度。它们是由流动性较高的熔岩流积聚形成的，因此高度较低，有缓坡，其顶部近乎平坦。

层状火山
（复合型火山）
外观上几乎对称，由熔岩流之间的层层火山灰和火成碎屑物构成。虽然可能会有几条支线火山道，但是层状火山基本围绕一条主火山道形成。层状火山通常是活动最剧烈的火山类型。

伊拉马特佩克山
这座火山渣锥位于萨尔瓦多首都以西65千米处。有记载的最近一次喷发发生在2005年10月。

基拉韦厄火山
这是一座盾状火山，是地球上最活跃的盾状火山之一。

富士山
这是一座层状火山，高3 776米，是日本的最高峰。最近的一次喷发发生在1707年。

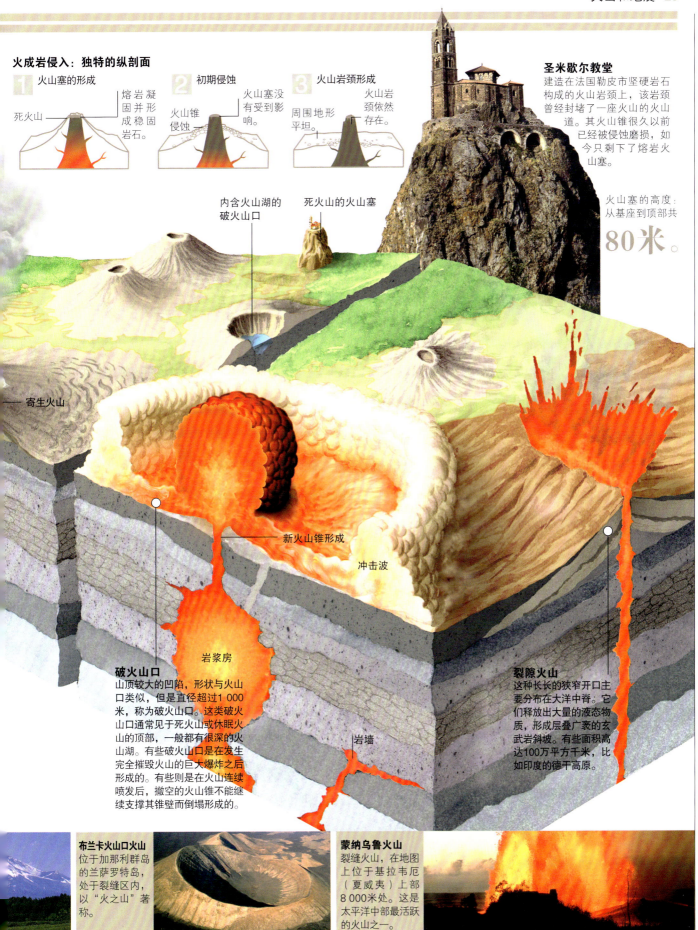

火成岩侵入：独特的纵剖面

1 火山塞的形成
死火山
熔岩凝固并形成稳固岩石。

2 初期侵蚀
火山锥侵蚀
火山塞没有受到影响。

3 火山岩颈形成
周围地形平坦
火山岩颈依然存在。

圣米歇尔教堂
建造在法国勒皮市坚硬岩石构成的火山岩颈上，该岩颈曾经封堵了一座火山的火山道。其火山锥很久以前已经被侵蚀磨损，如今只剩下了熔岩火山塞。

火山塞的高度：从基座到顶部共 **80米**。

内含火山湖的破火山口

死火山的火山塞

寄生火山

新火山锥形成

冲击波

岩浆房

岩墙

破火山口
山顶较大的凹陷，形状与火山口类似，但是直径超过1 000米，称为破火山口。这类破火山口通常见于死火山或休眠火山的顶部，一般都有很深的火山湖。有些破火山口是在发生完全摧毁火山的巨大爆炸之后形成的。有些则是在火山连续喷发后，撤空的火山锥不能继续支撑其锥壁而倒塌形成的。

裂隙火山
这种长长的狭窄开口主要分布在大洋中脊。它们释放出大量的液态物质，形成层叠广袤的玄武岩斜坡。有些面积高达100万平方千米，比如印度的德干高原。

布兰卡火山口火山
位于加那利群岛的兰萨罗特岛，处于裂缝区内，以"火之山"著称。

蒙纳乌鲁火山
裂缝火山，在地图上位于基拉韦厄（夏威夷）上部8 000米处。这是太平洋中部最活跃的火山之一。

火　光

火山喷发的过程可能会持续几小时，也可能是几十年。有些火山的喷发是毁灭性的，而有些则温和得多。火山喷发的猛烈程度取决于火山内岩浆、溶解气体和岩石之间的力量变化。最强烈的喷发通常是岩浆和气体经数千年的积聚、压力不断增强的结果。其他的火山，比如斯特龙博利火山和埃特纳火山，每过几个月就能达到爆发点，经常喷发。●

火山爆发是如何发生的：

3. 喷发
当岩浆不断增长的压力超过了岩浆和火山口岩面之间的物质的承受能力时，这些物质就会被喷射出来。

4. 火成碎屑物
除了熔岩之外，火山喷发还能够喷射出固体物质，称为火成碎屑物。火山灰由规格小于2毫米的火成碎屑物构成。火山喷发甚至能喷射出花岗岩巨石。

火山弹	64毫米及以[上]
火山砾	2~64毫米
火山灰	2毫米及以[下]

2. 火山道
坚硬的物质碎片层堵住了含有爆炸性气体的岩浆。当岩浆上升并与爆炸性气体和水蒸气混合时，气体和蒸汽形成的气袋为岩浆提供了爆炸力。

水蒸气

火山口

火山道

气体微粒　熔化的岩石

1. 岩浆房内
那里有一个液化层，在这里上升的岩浆在压力作用下与地下的气体混合。上升的岩浆流增加了压力，加速了岩浆与气体的混合。

5. 熔岩流
夏威夷火山岛上布满了不再喷发的熔岩流。当地人将熔岩分为"aa"和"绳状熔岩"，前者是将沉积物一扫而空的黏滞性熔岩流，而后者是流动性更高的熔岩，凝固形成柔软的波状物。

岩浆房

溢流型火山喷发活动

喷发过程比较温和,伴有低频率的爆炸。熔岩中的气体含量较低,熔岩从空隙和裂隙流出来。

火成碎屑物
低体量

熔岩流
高流动性,主要为玄武岩成分。

岩浆

位置
位于大洋中脊和火山岛上。

爆炸活动

高气体含量和相对黏滞性较高的熔岩相结合会造成爆炸活动。而爆炸活动能产生火山碎屑物并积聚巨大的压力。不同类型的爆炸是根据规模和体量来区分的,最大的爆炸可以形成将火山灰抬升成数千米高的烟柱。

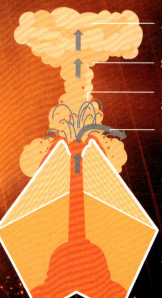

火山灰柱

燃烧的烟云

大量的火成碎屑物

熔岩流
黏滞性和穹丘形状的熔岩。

熔岩
安山岩或流纹岩。

位置
沿大陆边缘和岛屿链分布。

溢流型火山喷发的类型

穹丘型
低矮,像盾状火山,只有一个开口。

大量频繁喷出的熔岩流。

裂隙型
有数千米长。

熔岩型
慢慢渗漏出来。

夏威夷火山型喷发

莫纳罗亚山和基拉韦厄火山等火山喷发出大量的玄武岩熔岩。这些熔岩的气体含量低,因此它们的喷发非常温和,有时候会释放出明亮的垂直熔岩流(火的喷泉),高度可达100米。

裂隙火山型喷发

裂隙火山主要分布在大洋断裂带,以及复合型火山锥(如意大利的埃特纳火山)侧或盾状火山(夏威夷火山)附近。这类火山最大规模的一次爆发于1783年发生在冰岛的拉基火山,25千米长的裂缝中喷出12立方千米的熔岩。

爆炸性火山喷发的类型

火山烟云高度可达**25千米**。

火山灰柱高度可达**15千米**。

燃烧物质的烟云高度在**100~1 000米**。

燃烧的烟云沿着斜坡向下移动。

熔岩流

熔岩塞

斯特隆布利型

以意大利西西里岛的斯特隆布利火山的名字命名了这类频繁喷发的火山。相对较低的火成碎屑物含量使得这种火山能够每隔大约5年喷发一次。

武尔卡诺型

以西西里的武尔卡诺岛火山命名。由于火山爆发喷射出更多的物质,并且变得具有更高的爆炸性,因此喷发频率较低。内瓦多·德·鲁斯火山1985年的喷发喷射出了数万立方米的熔岩和火山灰。

维苏威火山型

也称为普林尼式喷发,这是最猛烈的火山喷发类型,能够形成高度可达同温层的烟柱和火山灰柱,并持续长达两年,比如1883年的喀拉喀托火山喷发。

培雷式喷发

熔岩塞堵住了火山口,在一次大爆炸之后将火山灰柱转向火山的一侧。1902年的培雷火山喷发,沿着斜坡猛烈喷射出大量火成碎屑物和熔岩,形成了燃烧云,摧毁了其前进道路上的一切。

太空照片

阿拉斯加的奥古斯丁火山喷发的照片,由地球资源探测卫星5号在1986年3月27日该火山喷发数小时后拍摄。

烟柱高

11.5千米

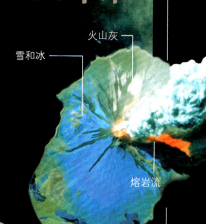

火山灰

雪和冰

熔岩流

熔岩流 夏威夷基拉韦厄火山　　　　**熔岩湖** 夏威夷Maka-O-Puhl火山　　　　**冷却的熔岩(绳状熔岩)** 夏威夷基拉韦厄火山

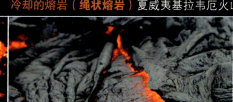

圣海伦斯火山

在美国境内，活火山并不仅仅在阿拉斯加或夏威夷等这些有异域情调的地区存在。北美洲爆炸性最强的火山之一位于华盛顿州。圣海伦斯火山在经历了很长一段时间的平静期之后，在1980年5月18日喷发出大量的火山灰和蒸汽。其影响是灾难性的：导致57人死亡；熔岩流摧毁了600平方千米范围内的所有树木；湖泊湖水泛滥，造成泥石流，毁坏了房屋和道路。这个地区需要100年的时间才能恢复原貌。⬤

倒塌前的山顶

冰河

新穹丘

旧穹丘
（1980－1986）

冰舌

火山锥

被切掉的山顶
像香槟酒瓶的塞子一样，山脉的顶部由于岩浆的压力而被炸毁。

**美国华盛顿州
奥林匹亚**

火山类型	层状火山
基座规模	9.5千米
活动类型	爆炸式
喷发类型	普林尼式
最近几次喷发	1980、1998、2004年
死亡人数	57人

警告信号

在大爆发之前的两个月，圣海伦斯火山发出了几种警告信号：一系列的地震运动、小型的爆发，以及由于岩浆上升而造成的山北坡隆起。最后在5月18日，一次地震造成了塌方，移走了火山的顶部。随后，火山岩柱基座的几次坍塌造成了大量的火成碎屑流，其温度几乎高达700℃。

1. 隆起
00：00

不断冲向地表方向的岩浆流导致火山北坡的隆起，后来在一次雪崩中倒塌。

岩浆流入

未变的外形

倒塌前的隆起

前期岩石形成的次级穹丘。

11 500米

−401米

2 549米

在喷发后，圣海伦斯火山失去了其圆锥状的层状火山的形状，变成了破火山口。

火山喷发前
圣海伦斯火山有着匀称的圆锥体外貌，周围环绕着森林和牧场，被誉为美国的富士山。这次喷发留下了一个马蹄铁形状的破火山口，周围都是劫后余迹。

爆发过程中
火山爆发释放的能量相当于500颗原子弹。山顶就像晃动的苏打水瓶盖子一样飞了出去。

被毁坏的表面积达

600平方千米。

其影响是毁灭性的：摧毁了250间房屋、47座桥梁、铁路线和长达300千米公路。

24千米

这是火成碎屑流产生的冲击波的覆盖范围，热量和火山灰彻底摧毁了大片的森林。当地有些区域已经被熔岩和火成碎屑流彻底碾碎和焚毁。温度上升到高达600℃。

森林
在距离火山数千米处，烧毁的树木上覆盖着火山灰。

2. 北坡的压力
毫无疑问，山坡隆起是由于大约在最后一次喷发前两个月发生的第一次喷涌造成的。

00:40

也堙由地壳运动引起的凹陷。

被堵塞的火山口

找不到其他外泄通道的岩浆施压于侧翼，突破北坡。

3. 初期喷发
北坡在一次爆炸性喷发时释放了岩浆的巨大压力。熔岩以75米/秒的速度流动了25千米。

00:50

穹丘的侧翼

火山口爆炸

侧边火山块倒塌，造成了巨大的火成碎屑流。

4. 爆炸和垂直倒塌
在火山脚下，一条195米深的山谷被埋在了火山喷发物的下面。1 000多万株树木被毁坏。

00:60

垂直的烟云和火山灰的上升高度达到19千米。

倒塌前的轮廓

倒塌后的轮廓

喀拉喀托火山

1883年初，喀拉喀托还仅是这个星球上一座不太起眼的小火山岛。该岛位于荷属东印度群岛（现印度尼西亚）的爪哇岛和苏门答腊岛之间的巽他海峡中。全岛面积28平方千米，主峰高820米。1883年8月，这座火山发生了大爆发，这次爆发是历史上规模最大的火山爆发，火山爆发过程中整座火山岛变得四分五裂。●

历经火山大爆发的岛屿

喀拉喀托邻近印澳板块与欧亚板块之间的俯冲消减带。岛上居民当时并不怎么担心这里的火山，因为上次火山爆发还是1681年的事情，有些人甚至认为这里的火山已经变成了死火山。然而，1883年8月27日早晨，这座小岛发生了火山大爆发。当时，远在马达加斯加群岛上的人们都能听到火山爆发时巨大的爆炸声。火山灰将天空染成了一片漆黑，火山爆发引起的海啸高达40米。

火山灰烟柱的高达

55千米。

达南火山

腊卡塔火山　　　派尔布坦火山

1 爆发前
当年的5月份，当地就出现了火山爆发的征兆，先后发生了几次小规模的地震，同时还有蒸汽、烟雾及灰烬等从火山口中喷出。然而，这些征兆并没有引起人们的重视，没有人想到这里将发生如此可怕的火山大爆发，有些人甚至还从其他的地方专程赶到这里，就为了一睹火山的"烟火表演"。

2 爆发中
上午5时30分，地下压力终于累积到了它的临界点，于是从岛屿的地下喷发而出，小岛裂开了一道250米深的大坑，水流立刻涌进大坑，从而带来了一场巨大的海啸。

海啸中浪高达到了

40米。

浪潮奔袭的速度达到了1 120千米/小时。

喀拉喀托

位于
南纬：6° 06'
东经：105° 25'

占地表面积	28平方千米
剩余占地表面积	8平方千米
爆发范围	4 600千米
爆发碎片的散落距离	2 500千米
海啸造成的死亡人数	36 000人

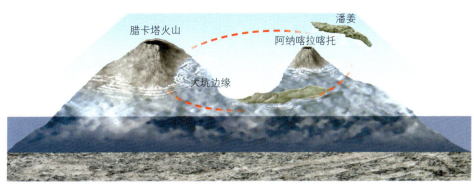

腊卡塔火山　　潘姜　　阿纳喀拉喀托　　大坑边缘

火山碎屑
按照当时目击到火山爆发的海员的描述，火山碎屑流最远喷发至离岛80千米以外的地方。

3 爆发后
火山爆发后，火山之前所在的位置形成了一个直径达6.4千米的大坑。大约在1927年，在该地区又观察到了新的火山活动。1930年岛上出现了一个火山锥，并于1952年形成了阿纳喀拉喀托（所谓的"喀拉喀托之子"），以每年大约4.5米的速度成长。

残余部分
2/3的岛屿都在火山爆发中毁掉了，只有拉卡塔岛的一部分得以幸存下来。

火山大爆发的影响
大量的火山灰进入了大气层并长期漂浮在空中，从而导致以后的数年间月亮的表面好像被蒙上了一层蓝色的薄纱。同时，地球的平均温度也有所下降。

长期效应

海平面
海平面的波动甚至影响到了遥远的英吉利海峡。

压力波
大气层压力波环绕地球转了7圈。

英吉利海峡

马达加斯加　　平流层

大气层
火山爆发喷出的火山灰在大气层中漂浮了多年。

5亿吨当量
这场火山爆发的威力相当于广岛原子弹的25 000倍。

愤怒的后果

当一座火山变得活跃并爆发时，就会引发一系列的事件，而不仅仅是燃烧的熔岩沿着斜坡流下来所引发的危险这么简单。气体和火山灰被喷射到大气中，会影响当地气候，而且很多时候它们会干扰全球气候，造成更具有破坏性的结果。湖水泛滥还会引起被称为火山泥流的泥石流，会掩埋整座城市。在沿海地区，火山泥流还会引起海啸。●

积雪

熔岩

火山

泥浆

熔岩流

在有破火山口的火山，低黏滞性的熔岩会流出来，而不是喷发，比如1783年的拉基火山裂隙。低黏滞性熔岩滴下来，其黏稠度就像清澈的蜂蜜，而黏滞性熔岩稠而黏滞，就像结晶化的蜂蜜。

火山熔岩
夏威夷火山国家公园

火山渣锥
带有由凝固熔岩形成的岩墙的火山锥。

当熔岩向上流动时，火山锥会发生喷发。

树型
燃烧后的树木淹没在冷却的熔岩之下。

石化的树木形成了一个微型火山。

熔岩管道
硬化的熔岩外层。

在其内部，熔岩仍然很热，并且处于液态。

在哥伦比亚共和国的阿梅罗镇的救援
在内瓦多·德·鲁伊斯火山喷发后发生了泥石流。一名救援人员在帮助一个困在火山泥流中的小男孩。

泥石流或火山泥流

雨水混合着被热量熔化的雪水，伴随着地震和泛滥的湖水，会引起被称为"火山泥流"的泥石流。这些灾害的破坏性甚至可能比火山喷发本身更严重，当它们流下山时会摧毁前进道路上的一切。这类现象经常发生在山顶有冰川的高大火山上。

俯瞰阿梅罗
1985年11月13日，哥伦比亚共和国的阿梅罗镇被内瓦多·德·鲁伊斯火山喷发所引起的火山泥流摧毁了。

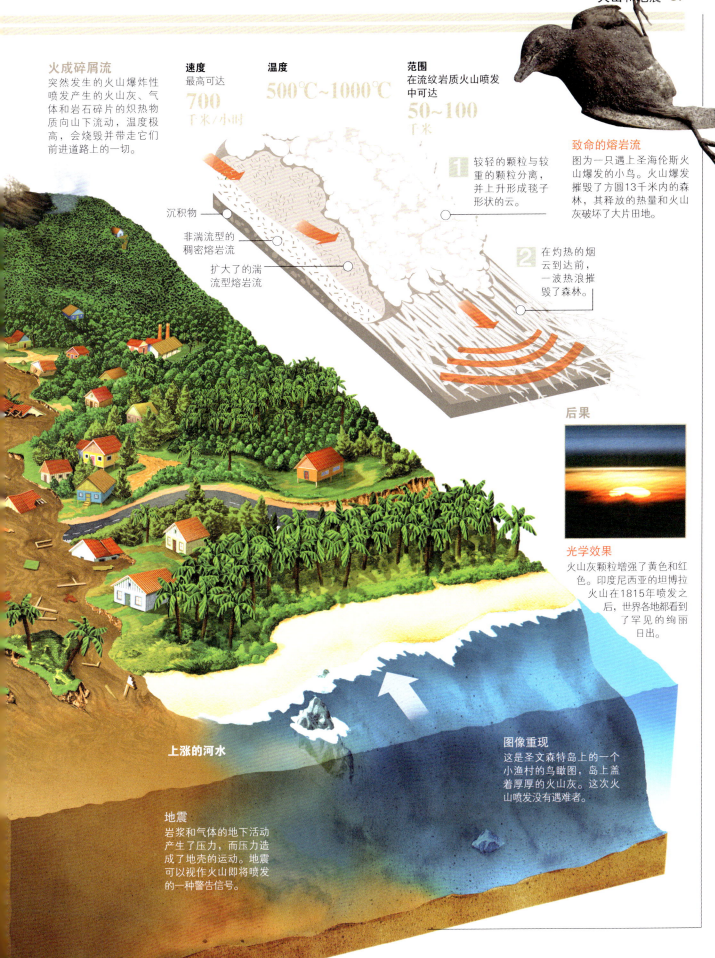

火成碎屑流
突然发生的火山爆炸性喷发产生的火山灰、气体和岩石碎片的炽热物质向山下流动，温度极高，会烧毁并带走它们前进道路上的一切。

速度
最高可达
700
千米/小时

温度
500℃~1000℃

范围
在流纹岩质火山喷发中可达
50~100
千米

沉积物

非湍流型的稠密熔岩流

扩大了的湍流型熔岩流

1 较轻的颗粒与较重的颗粒分离，并上升形成毯子形状的云。

2 在灼热的烟云到达前，一波热浪摧毁了森林。

致命的熔岩流
图为一只遇上圣海伦斯火山爆发的小鸟。火山爆发摧毁了方圆13千米内的森林，其释放的热量和火山灰破坏了大片田地。

后果

光学效果
火山灰颗粒增强了黄色和红色。印度尼西亚的坦博拉火山在1815年喷发之后，世界各地都看到了罕见的绚丽日出。

上涨的河水

图像重现
这是圣文森特岛上的一个小渔村的鸟瞰图，岛上盖着厚厚的火山灰。这次火山喷发没有遇难者。

地震
岩浆和气体的地下活动产生了压力，而压力造成了地壳的运动。地震可以视作火山即将喷发的一种警告信号。

火山

水射流

[间] 歇泉断断续续喷出热水，能够向空中喷射数十米高。地球上少数几处有良好水文地质条件的地区能够形成间歇泉。在那些地区，过去的火山活动能量将水困在地下岩石中，两次喷射之间的间隔可能是数日或数周。这种壮观的现象绝大多数分布在黄石国家公园（美国）和新西兰北岛。●

主要地热田

勘察加半岛（俄罗斯）
大间歇泉（冰岛）
北岛（新西兰）
乌姆纳克岛（美国）
塔提奥间歇泉（智利）
汽船喷泉/贝奥沃维（美国）

全世界大约有1 000座间歇泉，大约一半位于黄石国家公园（美国）。

大棱镜泉

这座泉位于黄石国家公园，是美国最大的温泉，也是世界第三大温泉。其宽度为75米，长115米。它的颜色很特别：红色混合着黄色和绿色。

在泉的中部，矿物质水温度为93℃，由中心到边缘，水温逐渐降低。

路径

115米

每分钟喷出
2 000升水

最高记录高度
1904年，新西兰的怀芒古间歇泉（现处于休眠期）喷射出了创纪录的水柱。1903年，4名游客因为不知情而靠近间歇泉太近，并因此丧生。

其他的后火山活动

喷气孔
因为岩浆的温度超过了100℃，水蒸气被不断地从喷气孔向外排放出来。

水蒸气

热水

442米

457米

美国最高的建筑物
喷泉的创纪录高度

水和蒸汽流

5. 喷发周期

当岩石内部的水压释放后，喷水便停止了，之后这种循环会不断重复。岩石裂缝和渗水层中的水将再次积聚。

喷发周期重复

间歇泉平均1次最多可以喷射出
30 000升水。

4. 喷射

水从火山锥中喷射出来，间隔时间没有规律。两次喷射之间的间隔取决于岩石腔内的水蓄满、沸腾并产生蒸汽所需要的时间。

喷射水柱的平均高度是
45米。

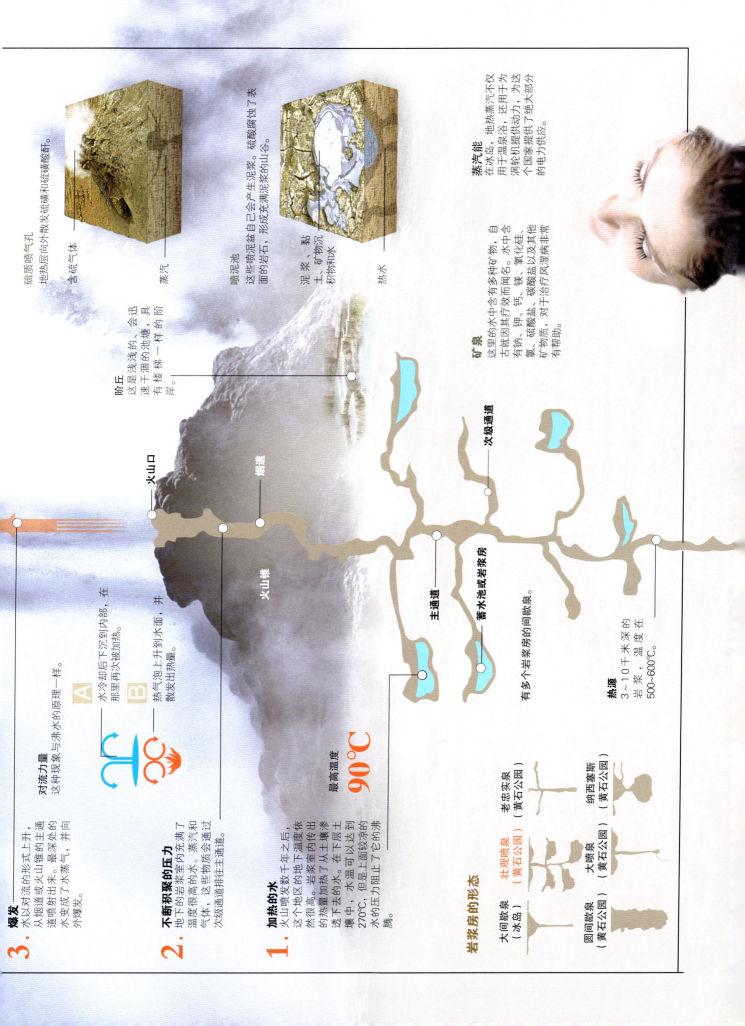

硫质喷气孔
地质层向外散发硫磺和硫磺碳酸酐。
含硫气体

喷泥池
这些喷泥盆自己会产生泥浆。硫酸腐蚀了表面的岩石，形成充满泥浆的山谷。
蒸汽
泥浆：黏土、矿物沉积物和水
热水

阶丘
这是浅浅的，迅速干涸的池塘，具有楼梯一样的阶岸。

蒸汽能
在冰岛，地热蒸汽不仅用于温泉浴，还用于为这涡轮机提供动力，为这个国家提供了绝大部分的电力供应。

矿泉
这里的水中含有多种矿物，自古就因其疗效而闻名。水中含有钠、钾、钙、镁、氧化硅、氯、硫酸盐、碳酸盐以及其他矿物质，对于治疗风湿病非常有帮助。

火山口
烟道
火山锥

A 水冷却后下沉到内部，在那里再次被加热。

B 热气泡上升到水面，并散发出热量。

主通道
次级通道
蓄水池或岩浆房
有多个岩浆房的间歇泉。

热源
3~10千米深的岩浆，温度在500~600°C。

最高温度 **90°C**

3. 爆发
水以对流的形式上升，从烟道或火山锥的主通道射出来。最深处的水变成了水蒸气，并向外爆发。

对流力量
这种现象与沸水的原理一样。

2. 不断积聚的压力
地下的岩浆室内充满了温度很高的地下水，蒸汽和气体，这些物质会通过次级通道排往主通道。

1. 加热的水
火山喷发数千年之后，这个地区的地下温度依然很高。岩浆室内特出的热量加热了从土壤渗透下去的水。在下层土壤中，水温可以达到270°C，但是上面较凉的水的压力阻止了它的沸腾。

岩浆房的形态
大间歇泉（冰岛）
壮观喷泉（黄石公园）
老忠实泉（黄石公园）
大喷泉（黄石公园）
纳西塞斯（黄石公园）
圆间歇泉（黄石公园）

珊瑚环

在 热带地区的海洋中，有些圆形的环状岛屿被称为环礁，它们是由珊瑚礁组成的。珊瑚礁沿着如今已经淹没在海水中的古老火山生长。随着珊瑚虫不断生长，形成一道暗礁屏障，环绕着岛屿，就像堡垒一样。火山岛逐渐下沉，最后完全沉入水下，再也看不见了，由环礁取代了它的位置。

环礁的形成

1. **环礁形成之初**
死火山在海底的侧面被珊瑚虫占领了，珊瑚虫继续生长发展。

火山锥　珊瑚礁

死火山

2. **珊瑚虫发展壮大**
珊瑚虫环绕暗礁安营扎寨并继续扩张，形成了环绕如今已经停止活动的古老火山的一道屏障。

珊瑚礁

死火山

3. **环礁固化**
最后，整座岛屿将被珊瑚完全覆盖，并沉入水下，留下一圈不断生长的珊瑚礁，中间有一个浅浅的环礁湖。

珊瑚礁形成环状。

死火山

特卡伊坎

珊瑚礁

海滩

内礁

石灰石

环礁层面

顶部
保护岸边免受海浪袭击的屏障。深沟和隧道让海水流入环礁内部。

礁壁
分支珊瑚在这里生长，尽管由于斜坡陡峭，其栖息地可能会断裂。

什么是珊瑚?

珊瑚是由无数刺胞动物的外骨骼形成的。这些海洋无脊椎动物分为有性阶段（称为水母）和无性阶段（称为珊瑚虫）。珊瑚虫隐藏在一个由碳酸钙形成的外骨骼中，它们与单细胞藻类共生。

硬珊瑚虫

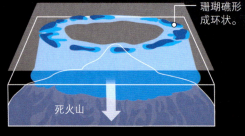

触须
口
咽喉
胃肠腔
矿物基

分支珊瑚虫

在分支末端的珊瑚虫。
珊瑚虫形成分支。

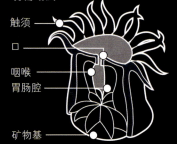

最早的珊瑚虫。

紧缩在一起的珊瑚
最早的珊瑚构造（已死亡）。
活的珊瑚虫层。

世界各地的环礁和火山岛

珊瑚环礁分布在海洋中,主要在南北回归线之间。

北回归线

南回归线

布奥塔

泰莫图

基里巴斯

最佳条件

珊瑚虫主要分布在海中的透光层(50米水深以上),那里阳光可以直达底部,提供充足的能源。要让环礁继续生长,那水温应该保持在 **20~28℃**。

拉万纳维

马拉凯

内湖

特匡格

安泰

诺劳耶

特劳克

N

比例(千米)

国家	基里巴斯共和国
大洋	北太平洋
群岛	吉尔伯特群岛
表面积	28平方千米
高度	2.1米

夏威夷群岛

尼豪岛　考艾岛　瓦胡岛　莫洛凯岛　毛伊岛　拉奈岛　卡霍奥拉韦岛　夏威夷岛

夏威夷岛 4 206米

毛伊岛 3 055米

莫洛凯岛 1 512米

拉奈岛 1 027米

卡霍奥拉岛 450米

火山岛的形成

A 当岩浆从地球深处升起时,就形成了火山。数以千计的火山在海底形成,很多从海洋中浮现出来,形成海岛的底部。

B 当地壳的一个板块移动经过一个热点时,火山开始喷发,并形成一座岛屿。

板块运动

冻结的火焰

它被称为冰与火之岛。在冰岛冰冻的表面之下，火山的烈焰在积蓄，并不时地喷发出来，造成灾难。这座岛屿位于大西洋中脊的一个热点上，在这个地区，海床在不断扩张，大量的熔岩从气道、裂隙和火山口流出。●

冰岛

纬度：北纬64° 6'
经度：东经-21° 54'

表面积	103 000平方千米
人口	293 577
人口密度	2.8人/平方千米
湖泊面积	2 757平方千米
冰川	11 922平方千米

能量
岛上居民利用来自火山和间歇泉的地热（蒸汽）来提供热力、热水和发电。

斯奈山

里苏霍尔

雷克雅未克
冰岛的首都是世界上最北端的首都。

普雷斯塔努库尔

雷克雅未克

瓦特纳冰原

雷恰内斯

从中间劈为两半

冰岛的一部分位于北美板块，该板块目前正在向西漂移。其余部分位于欧亚板块，正在向东漂移。由于构造作用力不断地拉动板块，这座岛屿正在慢慢地分成两部分，形成一个断层。两大板块的边缘是峡谷和悬崖，同时海床的面积也不断扩大。

北美板块　　欧亚板块

平均年扩张距离为1厘米。

雷克雅未克

溢出表面的岩浆来自一系列的中央火山，这些火山被裂隙隔开。

大西洋中脊

大西洋

岛屿的形成

1963年11月15日，在冰岛南部沿海不远处发生的海底火山爆发形成了瑟尔塞岛——这座星球上最新的陆地。那次爆发开始时产生了大量的火山灰和烟柱。随后，地球深处的热量和压力将部分大洋中脊推到了地面。那座岛屿在随后几个月内继续生长，目前它的表面积为2.6平方千米。该岛屿以冰岛神话中的火焰巨人瑟尔特尔命名。

瑟尔塞岛

每百万年10千米 ←　→ 每百万年10千米

断裂带
如果把自西南向北横跨冰岛的裂谷带切成两半，那么可以根据被加以分析的切片，显示出地球的不同年龄。例如，距离裂谷带100千米的岩石有600万年的历史。

断裂带
50千米

深度（千米）

卡拉夫拉火山口
这座火山历史上一直非常活跃，迄今已有29个活跃期，最近的一次在1984年。

泰斯塔雷恰邦加

热点

▲ 卡拉夫拉

米湖

火山口宽500米
破火山口的直径为10千米。

▲ 弗雷姆里那慕尔

维缇湖（冰岛语意为"地狱"）
卡拉夫拉火山

阿斯基亚

▲ 阿斯基亚

▲ 巴达尔邦加

瓦特纳冰原的冰盖

▲ 格里姆火山

冰盖下的火山喷发
1996年，格里姆火山和巴达本加火山之间出现了一条裂隙。熔岩在冰上制造了一个180米深的洞，并释放出火山灰和蒸汽。那次喷发持续了13天。

▲ 克灵阿尔菲尔

其最大的一次爆发发生在1104年。

▲ 赫克拉火山

▲ 拉基火山
历史上最大规模的一次熔岩喷发发生在1783年，喷出的火山灰甚至到达了中国。

▲ 迪恩菲亚拉约库尔

▲ 埃亚菲亚拉约库尔

▲ 卡特拉

1 第一次喷发是由于岩浆和水发生相互作用而造成的。爆发次数很少，喷出的岩石仅距离火山几米远。

2 反复的喷发向空气中排放了水蒸气和火山灰，形成了10千米高的烟柱。这座岛屿是由火山巨石和大量熔岩构成的。

3 整个过程持续了三年半，喷出了1立方千米的熔岩和火山灰，但只有9%露出了海平面以上。

研究与预防

街道这侧禁止停车

大型的火山喷发往往会在数个月之前就发出警告信号。这些信号包括地壳外部所有可观察到的表现形式。可能包括蒸汽、气体或火山灰喷发，以及通常在火山口凹陷处形成的火山湖的湖水温度上升。这就是为什么火山地震学被视为保护火山附近城镇的最有

白热的岩石
基拉韦厄活火山的熔岩流不断地流动，形成表面的褶皱。即使以最轻的脚步踏上去，这些褶皱也会变形。

用的工具之一。通常人们会在活火山的火山锥附近设立几座地震观测记录站，科学家们从观测站得到的数据能帮助他们了解关于火山异常震动不同程度的明晰状况，这是评估火山大规模喷发可能性的一项极为重要的数据。●

潜在的危险

有些地方发生火山活动的可能性更高一些，而这些区域绝大多数都分布在构造板块相接的地方，不管两个板块之间是相向接近还是相背离开。火山最密集的地方位于太平洋的"火环"。另外在地中海、非洲和大西洋也有火山分布。●

阿瓦恰火山
俄罗斯
这是一座年轻的活火山锥，位于勘察加半岛一处旧的破火山口。

诺瓦拉普塔火山
美国阿拉斯加
这座火山位于万烟谷

圣海伦斯火山
美国华盛顿州
在1980年曾发生过一次意想不到的剧烈喷发。

太平洋上的"火环"

沿太平洋构造板块形成，世界上的绝大部分火山都分布在这个地区。

亚洲

富士山
日本
这座神圣的火山是日本最大的火山。

50 座火山

印度尼西亚是世界上火山最密集的地区，仅爪哇岛就有50座活火山。

皮纳图博火山
菲律宾
该火山在1991年的爆发是20世纪的第二大火山喷发。

莫纳罗亚火山
美国夏威夷
这是地球上最大的活火山，位于大洋底，几乎占这座岛屿面积的一半。

基拉韦厄火山
美国夏威夷
这是最活跃的盾状火山，自1983年以来，它的熔岩流几乎覆盖了100平方千米的面积。

太平洋

喀拉喀托火山
印度尼西亚
1883年的火山喷发摧毁了整座岛屿。

坦博拉火山
印度尼西亚
1815年，这座火山的喷发产生了150立方千米的火山灰。这是人类历史上有记载以来最大的一次火山喷发。

大洋洲

东埃皮火山
瓦努阿图
这是一座海底破火山口，喷发缓慢，经常持续数月。

俯冲消减带
美国西部的绝大部分火山是因太平洋板块的俯冲消减作用而形成的。

澳大利亚板块

太平洋板块

印度洋

最高的火山

这些火山分布在安第斯山脉中部，是太平洋火环的一部分。10 000年以前是它们最活跃的时期，但是现在很多都已经成了死火山，或受到喷气活动的抑制。

| 奥霍斯–德尔萨拉多山 智利/阿根廷 6 887米 | 尤耶亚科火山 智利/阿根廷 6 739米 | 提帕斯火山 阿根廷 6 600米 | 英加瓦锡山 智利/阿根廷 6 621米 | 萨哈马山 玻利维亚 6 542米 | 莫纳罗亚山 夏威夷 盾状火山，海拔4 170米。 |

当从火山底部测量时，不是从海平面测量时，五座最高火山的排名就发生变化。

海平面

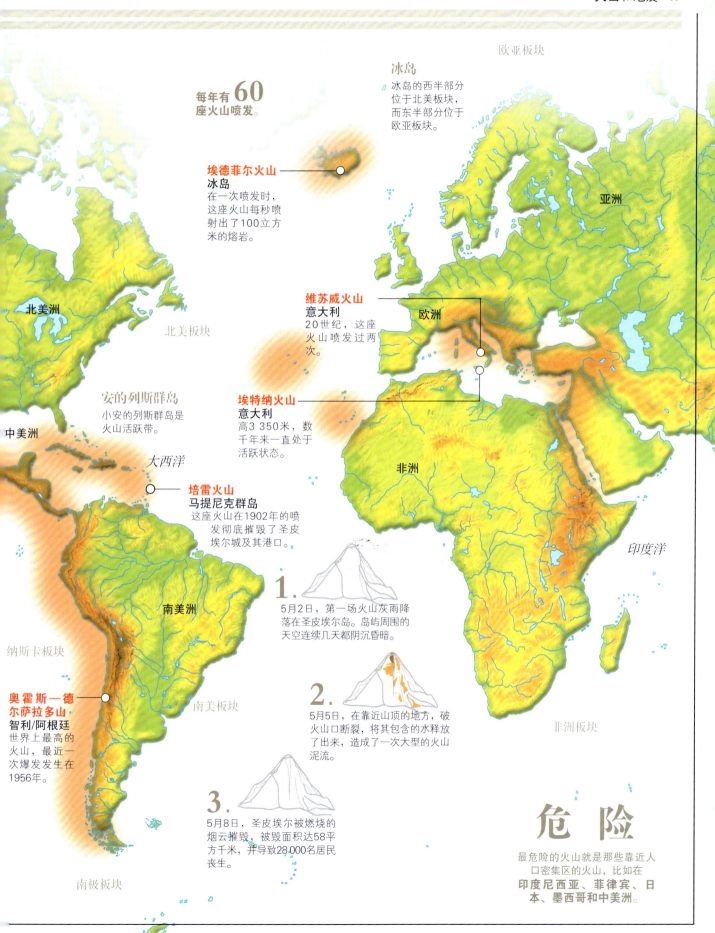

欧亚板块

冰岛
冰岛的西半部分位于北美板块，而东半部分位于欧亚板块。

亚洲

每年有 60 座火山喷发。

埃德菲尔火山
冰岛
在一次喷发时，这座火山每秒喷射出了100立方米的熔岩。

北美洲

北美板块

维苏威火山
意大利
20世纪，这座火山喷发过两次。

欧洲

安的列斯群岛
小安的列斯群岛是火山活跃带。

中美洲

大西洋

埃特纳火山
意大利
高3 350米，数千年来一直处于活跃状态。

非洲

培雷火山
马提尼克群岛
这座火山在1902年的喷发彻底摧毁了圣皮埃尔城及其港口。

南美洲

印度洋

纳斯卡板块

1.
5月2日，第一场火山灰雨降落在圣皮埃尔岛。岛屿周围的天空连续几天都阴沉昏暗。

奥霍斯—德尔萨拉多山
智利/阿根廷
世界上最高的火山，最近一次爆发发生在1956年。

南美板块

2.
5月5日，在靠近山顶的地方，破火山口断裂，将其包含的水释放了出来，造成了一次大型的火山泥流。

非洲板块

3.
5月8日，圣皮埃尔被燃烧的烟云摧毁，被毁面积达58平方千米，并导致28 000名居民丧生。

南极板块

危 险
最危险的火山就是那些靠近人口密集区的火山，比如在**印度尼西亚、菲律宾、日本、墨西哥和中美洲。**

不断增加的火山知识

火 山学是对火山的科学研究。火山学家从飞机上以及利用人造卫星研究火山喷发，从遥远的地方拍摄火山活动。但是，要近距离研究火山的内部运作方式，他们必须攀登几近垂直的悬崖，面对熔岩、气体和泥石流等危险。只有这样，他们才能取得样品、架设设备来探测火山的震动和声音。●

现场测量

监测火山包括收集并分析样品，以及对不同的现象进行测量。地震运动、不同的气体成分、岩石内部的变形、地下岩浆活动引起的电磁场变化，这些情况都能为预测火山活动提供线索。

火山喷气孔

全球定位系统（GPS）接收器

岩浆

熔岩温度
使用特殊的温度计来测量熔岩的温度，普通玻璃温度计会因为熔岩热量太高而熔化。水温和周围岩石的温度也是需要考虑的变量。

倾斜仪
倾斜仪被放置在火山的山坡上，用来记录火山喷发前土壤的变化。在A、B两点分别测量，监测岩浆的压力如何造成两点之间的表面变形。

全球定位系统
岩浆的活动导致了火山锥上的数百条裂缝。GPS定位系统可以连续记录图像，并分析在一段时间内火山的变形情况。

火山气体取样

岩浆内溶解的气体和水蒸气为火山喷发提供了能源。测量硫磺和水蒸气等可见的排出物质，以及不可见的气体，通过分析这些气体的成分，就可能预测火山喷发的开始和结束时间。

防毒面具

真空管

钛管

从缝隙中逸出的气体。

火山学家在意大利的利帕里岛上的一个喷气孔收集气体样品。

便携式地震仪

测量火山口

火山泥流探测器

熔岩样本

地震
利用便携式地震仪来探测被研究火山10千米以内的地面运动。这些震动可以为研究岩浆的运动情况提供线索。

火山口的大小
测量火山活动引起的火山口扩张和固体熔岩穹丘的生长。这种生长代表着火山将要喷发的一定风险。

水文监测
泥石流（或者叫作火山泥流）会掩埋大片的区域。监控这个地区的水量，就有可能在水量超过临界点之前发出警告并疏散人口。

熔岩收集
研究熔岩可以确定熔岩的矿物成分和来源。还要对熔岩沉积物进行分析，因为火山的喷发历史可以为未来喷发的预测提供一些线索。

为灾难发生做好准备

火山喷发会对其周围的居民造成危险，主要有以下两个原因：一是从火山流下来的火山物质（熔岩流和泥石流）造成的危险；另一个是火成碎屑物造成的危险，特别是火山灰，火山灰尘埃能够将整座城市埋在地下。专家们已经为居住在火山地区的人们开发了一套有效的预防和安全措施，这些措施能够尽可能地避免这些危险情况。●

火山喷发前

最好在火山喷发前了解安全措施，熟悉疏散路线、安全区域和报警系统。其他的安全措施包括准备好不易腐坏的食物、获得防毒面具和饮用水、检查屋顶的承重能力。

携带的给养不要超过

20千克。

河流及小溪
大量的水会造成泥石流，所以要避开这些地区。

20千米

火山附近地区的疏散

在火山的邻近地区（20千米范围内），疏散是唯一可能的安全措施。只有在获得许可之后才能返回家园。要记住，在疏散后要重新恢复正常生活需要很长时间。

主要道路
这些道路通常会穿越低洼地区。它们可能是熔岩流或泥石流的潜在通道。

桥梁
如果可能，请不要将桥梁作为你的疏散道路，因为它们可能会坍塌。

医疗预防
随手携带急救箱和基本药物，并确保所携带的各种药品是最新的。

关闭所有设备
在离开房子之前，关闭电源、燃气和水阀，并用胶带将门窗封严。

较高的高地
这是火山喷发疏散的首选目标地区。高地会避免火山泥流和熔岩流经的风险，而如果那里有避难所，还可以避免火山灰雨的袭击。

给养
水和食物是必不可少的，特别是在你一个人从火山地区撤离的情况下。

民防系统
听从所有的建议，注意官方信息，不要散布谣言。

火山泥流和火成碎屑流
火山泥流（泥石流）可能来自雨水或融化的雪水。火山危险区内通常会有能够使河流转道或降低水坝和水库内水位的因素。

20千米
这是火山紧急救援行动的临界距离。

风和雨
风是一个风险因素，能将轻浮火山灰带到更大的区域，影响100千米之外的地区。下沉的火山灰带来的最大危险是它能够与雨水混合，落到屋顶上，形成很重的物质，压塌建筑物。

100千米

坠落火山灰的地区

绝大部分人口生活在火山范围之外，但是火山喷发出的火山灰会变得具有很高的挥发性，落到很广的地区。风可以将火山灰带到其他地区，因此最好的预防办法是警告人们如果有火山灰落下时该如何行动。

备选路线
通过较高高地的道路是首选，因为这样可以避免遇到熔岩和泥石流。

水箱
屋顶安装的水箱应该中断使用，并将其封好，直到屋顶的火山灰全部清除干净。

空调
在火山喷发期间，不要使用空调和大型干衣机。

呆在家里
在火山灰下落时，最好待在室内。其中一个主要预防措施是提供便携式的饮用水，因为污染风险会导致常规的供水中断，特别是在供水来自这个地区的湖泊或河流的情况下。

门窗
只要火山灰尘埃继续降落，最好一直将门窗紧闭，并做好密封。

屋顶的火山灰
要立即将屋顶的火山灰清除（在下雨之前），避免屋顶倒塌。

面具
在户外时，穿戴面具和特殊的防尘服。

保持冷静
把用水和醋浸湿的手帕盖住脸部以保持呼吸。

信息
一直听收音机，了解信息。

避免开车
如果必须要开车，你要慢慢开，并打开汽车的头灯。最好将车停在封闭空间内或者盖上保护罩。

不要用水冲洗
在火山灰降落之后，用水冲洗会使其形成黏稠沉重的火山灰糊，很难清除。

儿童
如果孩子们在学校，不要去接他们，他们在学校里会比较安全。

一天内被埋葬

公元79年8月24日，那不勒斯湾附近的维苏威火山爆发。罗马的庞贝城和赫库兰尼姆完全被埋在了火山灰和火成碎屑物的下面。那是远古时代最严重的自然悲剧之一。感谢小普林尼，他的记录使我们能够了解那天的很多细节。由于他那句对火山喷发的著名描述"像松树似的"，因此这种类型的喷发就以他的名字命名为"普林尼式喷发"。

上午10时

1 几乎完全正常的一天
在城市里已经有四天都能够感受到震动。吊灯摇摆着，家具移动，有些门框甚至都断裂了。由于这类现象大约每年都会发生一次，而从没有发生任何危险，所以庞贝城的居民们继续他们的正常生活。广场上挤满了人。伊希斯庆典在阿波罗神庙举行。

下午1时

2 火山喷发
突然间维苏威火山喷出大量的烟、熔岩和火山灰，形成的火成碎屑流向庞贝城流动。人们四处逃散，试图在屋内躲避。火山喷发引发的海浪很高，从海上逃生是不可能了。

庞贝城的广场
这是这座城市的政治、宗教和商业中心。每天广场上都很热闹，很多庞贝城的居民来来往往，8月24日那天也是如此。

猛烈的复苏

直到内部积聚的压力导致了公元79年的那次喷发之前，维苏威火山已经有800多年没有活动了。以前人们把这次悲剧中绝大多数的死亡归咎于火山灰，火山灰掩埋了周围的部分居住区（赫库兰尼姆和斯塔比伊，以及庞贝城）。现在人们认为那次喷发产生了典型的普林尼式喷发的"燃烧云"：炽热的火山灰和气体火焰被喷发压力以极高的速度喷射出来。悬浮的潮湿颗粒使得空气带电，引起了一次强烈的雷雨，在雷雨中闪电成为火山灰雨下的唯一光源。从那以后，维苏威火山又发生了十几次重大爆发。最强烈的一次发生在1631年，造成了4 000人丧生。世界上的第一座火山学观测台于1841年在维苏威火山设立。

这是火山灰的最大厚度为

7米。

庞贝城，意大利

纬度：北纬40° 79'
经度：东经14° 26'

距离维苏威火山的距离	10千米
公元79年时的人口数量	20 000人
目前人口数量	27 000人
火山灰散布距离（79年）	100千米（东南）
维苏威火山的最近一次喷发	1944年

下午9时

③ 白昼如夜晚的两天

晚上，火山熔岩流的舌状前端看得更清楚了。第二天上午，厚厚的火山灰云遮住了太阳光。普林尼的记录提到了持续的火成碎屑

雨在第二天上午仍在继续，硫磺气体继续排放，导致很多人死亡。许多人在海滩上寻找庇护所。直到8月26日，火山灰沉降层才开始散去。

火山喷发的顺序

在20多个小时里（火山喷发持续的时间），火山灰柱升起来，然后落到周围地区。

1 第一次爆炸之后，烟尘柱开始垂直攀升。风将其吹向东南方向。

2 火山灰尘散播范围将近100千米，灰尘在城里落了一整天。

3 8月25日上午7时30分，火成碎屑流到达庞贝城。这些碎屑流温度估计高达550℃。

石头雨
火山喷发片刻之后，大量的炽热浮石从空中落下。

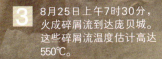

农牧神之家

在庞贝城的火山灰下发现了各类物品和人类尸体，都保存在灾难突然袭击他们时所在的位置。这些宝贵的证据使专家们能够复原古罗马时人们的日常生活。农牧神之家就是庞贝城中最豪华的别墅之一。

奴隶们在厨房工作，厨房里有些用具与我们今天使用的类似。

漏斗形状的屋顶用来收集雨水。

在中庭或天井接待寻求保护或帮助的客户。

奴隶夫妻只能在花园里相见。

青铜农牧神像

这所房子的命名来自于在房舍中庭发现的这座青铜像。农牧神在过去被看作是野神，能够预测未来。

瓷砖上装饰着尼罗河流域的植物和动物的图案。

这座商人之家是庞贝城中最大的一座，占地3 000平方米。

精美的食物和饮料

罗马人非常喜欢宴会。家庭晚餐通常在下午4时开始，有时会持续4个多小时。进餐是件奢侈的事情，在吃饱喝足之前，没有人会离开。庞贝城的葡萄酒在罗马很有名。葡萄酒储存在大罐子里，冲淡之后提供给就餐的客人。罗马人有时候会在食物中添加调味品，一般包括蜂蜜和胡椒粉。

如同亲历那个时刻

▶ 1709年，有人发现庞贝城的一些史前古器物被埋在火山灰之下，从而开始了庞贝城的寻宝活动。但是直到1864年，资料的重现和保存才由朱塞佩·菲奥雷利开始实施。最令今天庞贝城废墟参观者（每年有大约200万游客）感兴趣的展品是菲奥雷利对尸体的复原。

在庞贝城的一间酒吧里

▶ 庞贝城里有多种类型的提供食物和饮料的场所，从大街上的食品小贩到奢华的服务场所应有尽有。这些场所满足了很多不同的社交目的，但主要是商人聚会的地方。这些地方绝大多数是由男女奴隶经营管理。

酒吧间
典型的酒吧都有长长的大理石桌面，桌面上嵌入容器，这样食物就能够保温。

200
这是庞贝城中这类场所的大致数量。

① 大灾难
有几具尸体被埋在火山灰之下，火山灰已经堆积了一层又一层，并慢慢硬化了。尸体已经腐烂，但是他们的形态已经固定在火山岩中了。

② 重建
菲奥雷利的工作就是用灰膏填满这些自然的"坟墓"（火山灰模具）。当灰膏硬化之后，去掉周围的火山灰层，留下的就是尸体的轮廓或形状。

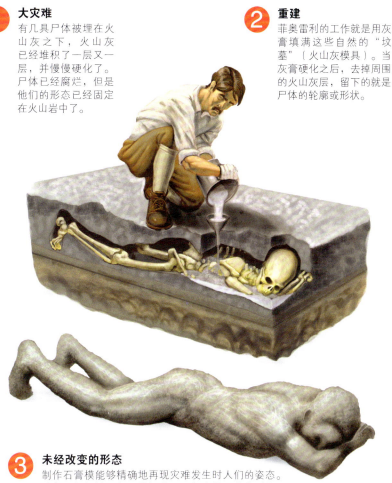

③ 未经改变的形态
制作石膏模能够精确地再现灾难发生时人们的姿态。我们已经能够了解一些细节，比如这些人的发型和服装。动物和其他有机物也被进行了复原。如今，树脂和硅化物的使用使我们能够了解更多的细节。

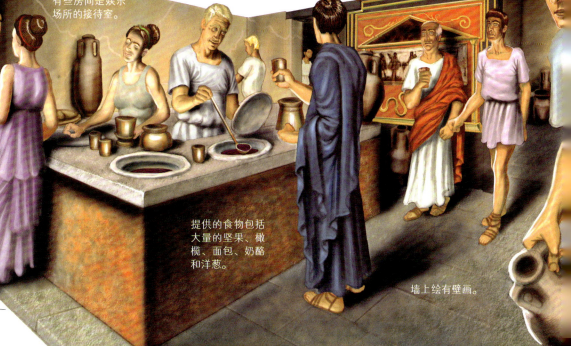

有些房间是娱乐场所的接待室。

葡萄酒以名为"玻璃瓶"的小杯子提供给客人。

提供的食物包括大量的坚果、橄榄、面包、奶酪和洋葱。

墙上绘有壁画。

历史上的火山喷发

熔岩从火山口流出来，不断向前流动，将其前进道路上的一切摧毁并掩埋。这一过程发生得很缓慢，但却会持续很长时间，熔岩摧毁了整座城市、城镇、森林，夺走了数千人的生命。最著名的火山喷发事件之一是发生在公元79年的维苏威火山喷发，那次喷发摧毁了庞贝城和赫库兰尼姆这两座城市，扼杀了两座城市中的两种文化。在20世纪，培雷火山的喷发在几分钟之内就将马提尼克岛上的圣皮埃尔城摧毁，瞬间就使该市的几乎全部人口丧生。各种迹象表明，火山活动也与气候变化密切相关。●

公元79年

维苏威火山
意大利那不勒斯

喷射出的火山灰体积	
（立方米）：	没有具体数据
受害人数	2 200人
特征	活跃

公元79年维苏威火山喷发时，庞贝城和赫库兰尼姆两座城市被摧毁。直到喷发当天，也没有人知道那座山是火山，因为它已经有300多年没有活动了。小普林尼在他的一份手稿中声称他看到了火山是如何爆发的。他描述了火山气体和火山灰从维苏威火山中升起，厚厚的炙热岩浆是如何落下，很多人因为吸入了有毒气体而死亡，这是最早的火山喷发记录之一。

火山和气候

有一种理论认为气候变化和火山喷发相关，并且有有力的证据提供支持。将两种现象联系在一起的观点是基于这样的事实：火山的爆炸性喷发会向大气同温层喷涌出大量的气体和细小颗粒，在那里，这些气体和微小颗粒围绕着地球散布，并可以存在数年之久。火山物质阻止了部分太阳辐射，降低了环绕地球的大气的温度。或许与火山活动相关的最著名的寒冷期是发生在1815年的坦博拉火山喷发后的一段时期。那年的冬季，北美洲和欧洲的一些地区极为寒冷。

卡拉帕纳
1991年基拉韦厄火山（夏威夷）喷发后，熔岩流到了这座城市，并覆盖了其前进道路上的一切。

1783年

拉基火山
冰岛

喷射出的火山灰体积	
（立方米）：	140亿
受害人数	10 000人
特征	非常活跃

虽然该火山的喷发为火山锥型，但是绝大部分的火山物质是通过山顶的裂缝喷射出来的，这些裂缝被称为"裂隙"。拉基火山的裂隙喷发是冰岛规模最大的火山喷发，在25千米的范围内出现了20多个裂口。火山气体彻底破坏了牧场，杀死家畜。随之而来的饥荒夺走了10 000人的生命。

1815年

坦博拉火山
印度尼西亚

喷射出的火山灰体积	
（立方米）：	1 600亿
受害人数	10 000人
特征	层状火山

在连续冒了七个月浓烟之后，坦博拉火山喷发了，随之而来的灾难在地球的任何地方都能感觉到。火山灰尘埃自喷发中心散播到600千米之外的地方。火山灰层太厚了，以至于连续两天都看不到太阳。火山灰坠落的面积高达50万平方千米。这次火山喷发被视为有史以来破坏性最强的喷发，有10 000多人在火山喷发时被夺走生命，82 000人死于火山喷发后的疾病和饥饿。

1883年

喀拉喀托火山
印度尼西亚爪哇岛

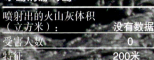

喷射出的火山灰体积（立方米）：	250亿
受害人数	36 200人
特征	活跃

虽然喀拉喀托火山以蒸汽和烟尘宣布其即将爆发，但是这些警告信号并没有避免一场灾难的发生，反而使这里成了旅游景点。火山爆发时摧毁了2/3的岛屿。火山将石头喷射到高达55千米的高空，甚至越过了同温层，在一个直径6.4千米的碗状凹陷中打开了一个250米深的裂口。土地和岛屿被岩浆和火山灰扫荡一空。

1902年

培雷火山
安的列斯群岛的马提尼克岛

喷射出的火山灰体积（立方米）：	没有数据
受害人数	30 000人
特征	层状火山

这座小火山喷发出来的灼热烟云、厚厚的火山灰以及炙热的熔岩将港口城市圣皮埃尔彻底摧毁。更令人震惊的是，这次破坏活动仅仅持续了几分钟。火山释放的能量是如此巨大，以至于将树木连根拔起。圣皮埃尔几乎所有人都丧生了，只有3名幸存者，其中1名得以幸存下来是因为他被关在了城市的监狱里。

1973年

埃德菲尔火山
冰岛的赫马岛

喷射出的火山灰体积（立方米）：	没有数据
受害人数	0
特征	200米

熔岩向前流动，似乎会摧毁其前进道路上的一切。火山学家认为应该将冰岛南端的赫马岛上的人口进行疏散。但是一位物理学教授建议将海水浇在熔岩上，促使熔岩凝固和硬化。这次行动使用了47台水泵，历时3个月，用了650万吨水，阻止了熔岩继续前进，保住了港口。那次喷发自1月23日开始，直到6月28日才结束。

1980年

圣海伦斯火山
美国华盛顿州

喷射出的火山灰体积（立方米）：	100亿
受害人数	57人
特征	活跃

这座火山也被称为美洲大陆上的富士山。1980年爆发时，401米高的山顶向火山一侧的断层倒塌。火山开始喷发的几分钟之后，熔岩流从山上流下来，卷走了途经之处的树木、房屋和桥梁。那次喷发摧毁了整座森林，火山岩屑使整个居住区遭到破坏。

1944年

维苏威火山
意大利那不勒斯

喷射出的火山灰体积（立方米）：	没有数据
受害人数	2 000人
特征	一个周期结束

由这最后一次喷发，维苏威火山结束了始于1631年的喷发周期。这次以及1906年发生的爆发造成了严重的破坏。火山喷发引发的崩塌和熔岩弹导致2 000人死亡。此外，1944年的喷发是在第二次世界大战期间发生的，造成的破坏与20世纪初的那次喷发同样严重，这次喷发淹没了索马、塞瓦洛火山口、马萨和圣塞巴斯蒂亚诺。

1982年

埃尔奇琼火山
墨西哥

喷射出的火山灰体积（立方米）：	没有数据
受害人数	2 000人
特征	活跃

3月28日星期日，在沉寂了100年之后，这座火山再次苏醒，于4月4日再次喷发。这次喷发造成周围地区约2 000人丧生，并摧毁了9个定居点。这是墨西哥历史上最严重的火山灾害。

地　震

虽 然地震造成的影响取决于震级、震源深度和与震中的距离，但是地震会从各个方向晃动地面。地震产生的波状运动非常强烈，能导致地球表面发生弯曲变形，从而造成房屋和建筑物倒塌，就像在洛马普列塔所发生的那样。在山区，地震之后随之而来的可

洛马普列塔

1989年10月18日发生了一次里氏7.0级地震，震中位于洛马普列塔山，旧金山以南85千米。这次地震造成了巨大破坏，包括海湾大桥的部分坍塌。

能是塌方和泥石流；而在海洋地区，则可能形成海啸，巨大的海浪袭击海岸，力量之大足以摧毁整座城市。2004年12月印度尼西亚就曾经发生过这种灾难，那场海啸在泰国造成了历史上最高的游客死亡人数，80%的旅游地区被摧毁。●

深层断裂

由于地球构造板块处于不断运动中，因此板块彼此相撞、一块板块滑过另外一块，甚至在有些地方一块板块会滑动到另一块的上面，由此会引发地震。地壳并不会对其内部所有的运动都发出预告信号。相反，这些运动在岩石内部积聚能量，直到其产生的张力超过了岩石所能承受的程度时，能量会从地壳最薄弱的地方释放出来，这会导致地面的突然移动，造成一次地震。●

① 前震
前震是小规模的地震，可以提前数日甚至数年预警一次大地震。前震的震动力量之大甚至可以移动一辆停放的车辆。

② 余震
余震是在一次主震之后可能发生的新的地震活动。有时候，余震的破坏力甚至比主震本身更大。

**每年发生的
地震次数**
地壳每次震动之间的间隔时间为30秒。

震级	数量
8级及以上	1次
7~7.9级	18次
6~6.9级	120次
5~5.9级	800次
4~4.9级	6 200次
3~3.9级	49 000次

震中
地球表面位于震源正上方的点。

震源
底层的断裂点，也就是局部地壳运动的起源点。震源可以深达地表以下700千米。

南阿尔卑斯山

阿尔卑斯断层

7.05级 ●

里氏
7.65级

平原

断层面
通常情况下，断层面是曲线形的，而不是呈一条直线。这种不规则状态引起板块互相碰撞。当板块移动时就会导致地震。

地层褶皱
这是构造板块之间张力积聚的结果。地震释放出一部分由于造山褶皱运动产生的张力。

地震的缘起

1

产生张力
板块向相反的方向运动，沿断层线滑动。在断层上的某一特定点，两个板块碰撞到一起。板块之间的张力开始增大。

2

张力对阻力
即使板块没有移动，断层位移的力量仍然很活跃，因此张力继续增大。靠近边缘的岩石层变形并断裂。

3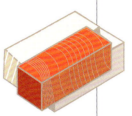

地震
当岩石的阻力被克服之后，岩层断裂并突然移动，造成地震，特别是在转换断层的边缘地带。

❸ 地震
主要运动或震动持续几秒钟，此后能够在震中附近的地形上看到一些变化。

新西兰

纬度：南纬42°
经度：东经174°

表面积	268 680平方千米
人口	4 137 000
人口密度	每平方千米13.63人

每年发生的地震次数（4.0级以上）	60~100次
每年发生的地震总次数	14 000次

南岛

特卡波湖

因为沿着断层线运动，河床沿着弯曲的路径发生变形。

6.10

地震波
地震波以来回反复运动的方式将地震的能量传送到很远的距离。随着距离的增加，强度逐渐降低。

25千米
这是岛屿下面地壳的平均厚度。

潜在地震带

北岛

澳大利亚板块

南岛

太平洋板块

阿尔卑斯断层

新西兰的阿尔卑斯断层

如剖面图所示，南岛被一个大断层分为两部分。这个断层改变着不同地区的俯冲消减方向。在北面，太平洋板块在以每年4.4厘米的速度向印度–澳大利亚板块下面下沉。南面，印度–澳大利亚板块以每年3.8厘米的速度向太平洋板块下面下沉。

对这座岛屿的未来形状变化的预测

其西部有一个平原，在过去2 000万年的时间里已经向北移动了将近500千米。

200万年后 **400万年后**

弹性波

地 震能量是一种波形现象，与一块石头掉进池塘引起的水波的效果类似。地震波从震源向各个方向辐射。地震波在穿越坚硬的岩石时的速度更快，而通过松散的沉积物和水时速度比较慢。可以将地震波产生的力量分解成更简单的波型，以便研究它们带来的影响。●

震源
振动从震源向外扩散，晃动岩石。

3.6千米/秒
次级波（S波）的速度只有初波速度的1/1.7。

次级波只经由固体传播，能够造成分裂运动，但是不会对液体造成影响。次级波的传播方向与其前进方向垂直。

不同类型的波

基本上有两种波形：体波和表面波。体波在地球内部穿行，传导前震波，破坏力很小。体波可以分为初波（地震纵波，P波）和次级波。而表面只在地球表面传播，但是由于它们在所有方向上都产生振动，因此会引起最严重的破坏。

➡ 地震波方向
➡ 岩石颗粒振动

6千米/每秒
这是地壳中初波的一般速度。

初波可以穿越所有类型的物质，而它们本身沿前进方向移动。

初 波

这是一种高速波，沿直线传播，并挤压和拉伸它们穿越的固体和液体。

初波前进道路上的地面交替受到挤压和拉伸。

在不同物质中的传播速度

物质	花岗岩	玄武岩	石灰石	砂岩	水
初波的传播速度（米/秒）	5 200	6 400	2 400	3 500	1 450

表面波

当初波和次级波到达震中时，表面波出现在地表。表面波的频率较低，对固体造成的影响更大一些，因此破坏力也更强。

3.2千米/秒
这是表面波在同一种介质中的传播速度。

表面波只沿着表面传播，速度是次级波的90%。

勒伏氏波
勒伏氏波像水平的表面波，受限于地表，但是速度比表面波慢，能够在与其前进方向平行的方向上造成裂口。

瑞利波
瑞利波以上－下运动的方式传播，与海浪类似，能够拉伸地面，引起与其前进方向垂直的断裂。

地面以**椭圆模式**移动。

地面向两个方向**运动**。

地面向两个方向移动，与波的前进路径**垂直**。

次级波

体波在移动时从上下左右晃动岩石。

在不同物质中的传播速度

物质	花岗岩	玄武岩	石灰石	砂岩
次级波的传播速度（米/秒）	3 000	3 200	1 350	2 150

地震的类型

虽然地震一般会产生所有类型的地震波，但是其中有些波形可能占主导地位。这样就可以根据地震波主要造成垂直运动还是水平运动来对其进行分类。震中的深度也会影响其破坏力。

根据运动类型划分

震颤
靠近震中，垂直运动力量大于水平力量。

摆动
当地震波到达软土层时，水平运动的力量就会增强，其运动形式被称为摆动模式。

根据震源深度分类
地震一般源于地下5~700千米的某些点。90%的地震源于地下100千米之内的某点。震源在70~300千米的地震是中源地震。浅源地震（通常震级更高）发生在这层之上，而深源地震发生在这层之下。

浅源地震：70千米
中源地震：300千米
深源地震：700千米

初波和次级波的轨道
地球的外核对次级波是一道屏障，使其不能传播到与震中形成105°~140°夹角的任何点。初波能穿越地核传播得更远，但是在后面可能会改变方向。

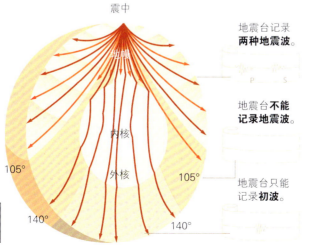

震中

地震台记录**两种地震波**。

地震台**不能记录地震波**。

地震台只能记录**初波**。

内核

外核

105° 105°

140° 140°

 初波
 次级波

奥克兰
美国加利福尼亚州

纬度：北纬37° 46'
经度：西经122° 13'

州表面积	404 298平方千米
受损范围	110千米
州人口数量	36 132 147人
每年发生地震次数	
（4.0级以上）	15~20次
受害人数	63
震级（里氏）	7.1

压力爆发

地震的能量之大甚至可以和原子弹相比。此外，地震波与地面物质之间的互动也会导致一系列的物理现象，能够加强地震波的破坏能力。例如1989年在美国加利福尼亚州的洛马普列塔发生的一次地震，就产生了这样的作用，导致一段州际高速公路垂直坠落到了地面。

地震仪读数

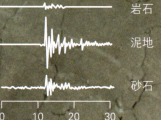

岩石

泥地

砂石

0   10   20   30

公路
不同的地面类型对地震的反应也不同。右图的这些读数显示了同一次地震在成分不同的地面中可以产生的不同强度的力量。880号州际公路倒塌部分（1.4千米）是在旧金山湾的泥地上建设的。

决定地震影响的因素

内在因素
震级
地震波类型
深度

地质因素
距离
地震波方向
地形
地下水饱和度

社会因素
建筑物的质量
居民的防备状态
发生地震时的时间段

**4级地震=1 000吨
TNT炸药释放的能量**

里氏4级地震释放的能
量相当于引爆一颗小
当量原子弹。

**7级地震=3 200万吨
TNT炸药释放的能量**

里氏7级地震释放的能量相当
于引爆一枚高当量的热核炸
弹，比如1995年在日本的兵库
县南部发生的地震。

**12级地震=160千兆吨
TNT炸药释放的能量**

假设发生里氏12级的地震（已知
所发生的最强烈的地震烈度为里
氏9.5级），那么其释放的能量
相当于将地球劈为两半所需的能
量。

液化

地震对泥泞或水饱和的土壤施加力量，会填满沙砾之间的空
隙。当固体颗粒悬浮在液体中时，土壤就失去了承重能力，
因此在其上方的建筑物就会下沉，就像建在流砂上一样。建
筑物的下沉置换了部分水，使之上升到地面。

直接和间接影响
地震带来的直接影响
可以在断层带感受
到，但很难在地表看
到。地震的间接影响
源自地震波的传播。
在日本神户发生的地
震中，断层在淡路岛
造成了一条深达3米的
裂隙。间接影响与液
化相关。

水将土壤
液化

重力　　建筑物

下沉

1 土壤是紧密的，
虽然含有水分。

2 在地震时，水分导
致固体颗粒晃动。

3 固体结构下沉，水
上升。

地震测量

地震的能量、持续时间和位置是可以测量的，人们已经开发了很多科学仪器和比较量表来进行这些测量。地震仪可以测量这三个参数；里氏地震仪能够描述一次地震的力量或强度。当然，地震造成的破坏性可以通过很多方面进行统计，如受伤、死亡或无家可归的人数，财产损失和重建成本，政府和企业支出，保险赔偿，学校停课天数，以及其他很多方面。●

查尔斯·里克特
（1900－1985）
美国地震学家。他开发了以他的名字命名的地震烈度表。

强　度

指地震导致破坏程度的概念。

修订的麦氏地震烈度表

1883~1902年，意大利火山学家朱塞佩·麦加利开发了一种测量地震强度的烈度表。这个烈度表原来只有10个等级，根据所观察到的地震活动的影响确定。后来被修改成了12个等级。前面几级是仅仅可觉察到的震动，最高等级适用于破坏建筑物的地震。这种烈度表广泛用于比较不同地区的损害程度和社会经济状况。

里氏地震烈度表

1935年，地震学家查尔斯·里克特设计了一种测量地震仪记录最强地震波振幅的地震烈度表。这个地震烈度表的一个重要特点是震级呈指数级增长。烈度表上的每个点代表的运动强度是下面一级的10倍，能量是下面一级的30倍。2级或2级以下的地震人类感觉不到。这是世界上应用最广泛的地震烈度表，利用它可以比较地震力量以及其带来的影响。

震　级

用来表示地震中释放的能量。

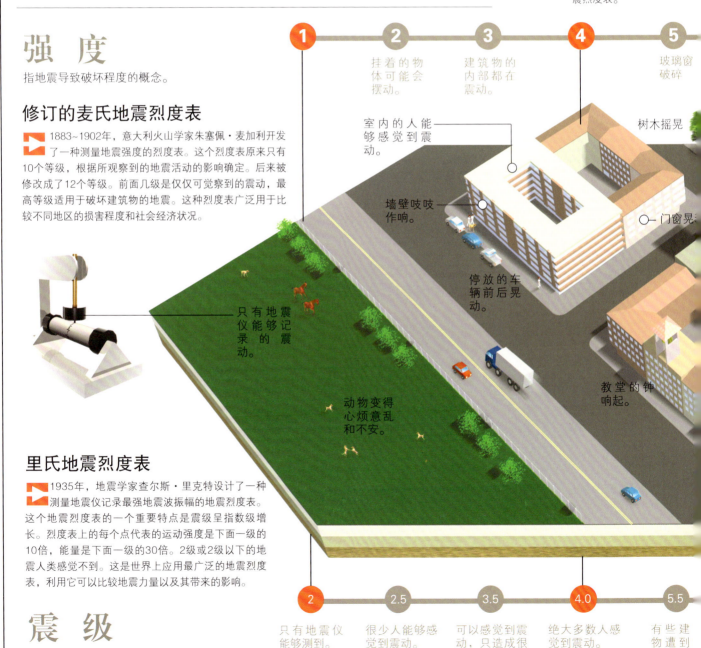

1 只有地震仪能够记录的震动。

2 挂着的物体可能会摆动。

室内的人能够感觉到震动。

墙壁吱吱作响。

停放的车辆前后晃动。

动物变得心烦意乱和不安。

3 建筑物的内部都在震动。

4 树木摇晃

门窗晃

教堂的钟响起。

5 玻璃窗破碎

2 只有地震仪能够测到。

2.5 很少人能够感觉到震动。

3.5 可以感觉到震动，只造成很小的破坏。

4.0 绝大多数人感觉到震动。

5.5 有些建筑物遭到重损坏。

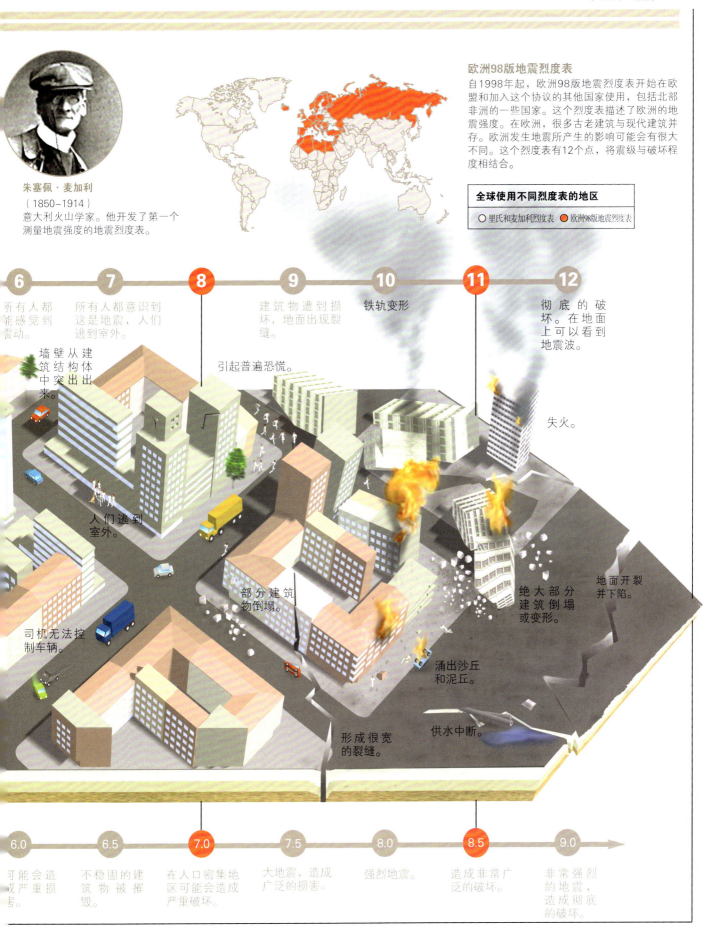

朱塞佩·麦加利
（1850–1914）
意大利火山学家。他开发了第一个
测量地震强度的地震烈度表。

欧洲98版地震烈度表
自1998年起，欧洲98版地震烈度表开始在欧盟和加入这个协议的其他国家使用，包括北部非洲的一些国家。这个烈度表描述了欧洲的地震强度。在欧洲，很多古老建筑与现代建筑并存。欧洲发生地震所产生的影响可能会有很大不同。这个烈度表有12个点，将震级与破坏程度相结合。

全球使用不同烈度表的地区
○ 里氏和麦加利烈度表　● 欧洲98版地震烈度表

6 所有人都能感觉到震动。

7 所有人都意识到这是地震，人们逃到室外。

8 引起普遍恐慌。

9 建筑物遭到损坏，地面出现裂缝。

10 铁轨变形

11 彻底的破坏。在地面上可以看到地震波。

12

失火。

墙壁从建筑结构体中突出出来。

人们逃到室外。

司机无法控制车辆。

部分建筑物倒塌。

形成很宽的裂缝。

涌出沙丘和泥丘。

供水中断。

绝大部分建筑倒塌或变形。

地面开裂并下陷。

6.0 可能会造成严重损害。

6.5 不稳固的建筑物被摧毁。

7.0 在人口密集地区可能会造成严重破坏。

7.5 大地震，造成广泛的损害。

8.0 强烈地震。

8.5 造成非常广泛的破坏。

9.0 非常强烈的地震，造成彻底的破坏。

愤怒的海洋

大地震或者火山喷发会引起海啸。海啸在日语里的意思是"海港里的海浪"。海啸的前进速度非常快，高达800千米/小时。在到达浅水区时，海啸减速，但是高度会增加。海啸在到达海岸时可以形成10米高的水墙。海浪的高度部分取决于海滩的形状以及沿海水深。如果海浪到达旱地，会淹没大片地区，并造成很大的损害。1960年发生在智利沿海的一次地震引发了海啸，席卷了南美洲沿岸800千米范围内的社区。22小时后，海浪到达日本，破坏了沿岸的城镇。●

英语中海啸（Tsunami）这个词来自日语，

TSU **NAMI**
海港　海浪

地震
海底运动带动了巨大体量的海水上升。

海啸是如何发生的

发生在海底的地震运动可能会引起海洋表面水域产生振动。此种震动绝大多数情况下是由于海洋地壳的一部分向上或向下的运动引起的，其运动会带动大量的海水随之一起移动。火山喷发、陨石撞击或者核爆炸也会引发海啸。

90%
是由于构造板块的运动造成的。

10%
是由于其他原因造成的。

上升的板块

水平面上升　　水平面下降

下沉的板块

移位的海水会恢复原来的水平，产生的力量引发波浪。

7.5
高于里氏7.5级的地震能够产生足以造成灾害的海啸。

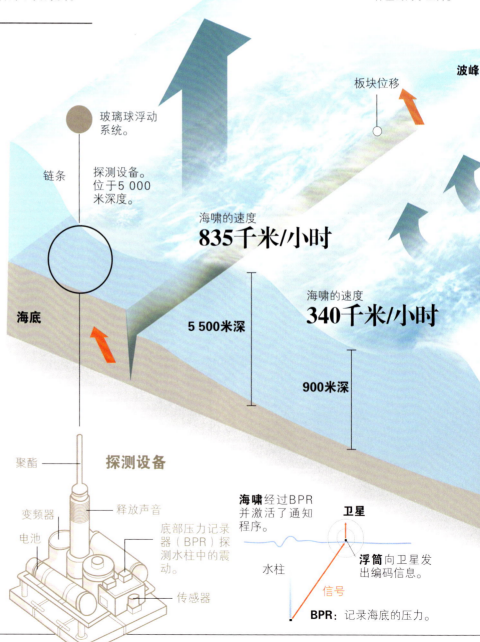

玻璃球浮动系统。

探测设备。
位于5 000米深度。

链条

海底

板块位移

波峰

海啸的速度
835千米/小时

海啸的速度
340千米/小时

5 500米深

900米深

聚酯

探测设备

变频器

电池

释放声音

底部压力记录器（BPR）探测水柱中的震动。

传感器

海啸经过BPR并激活了通知程序。

水柱

卫星

浮筒向卫星发出编码信息。

信号

BPR：记录海底的压力。

当海浪击打海岸时

A 海平面下降异常偏低
海水被上升的海浪从海岸边"吸走"。

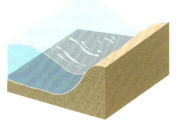

B 巨浪形成
在其最高点，海浪几乎可以与地面呈垂直角度。

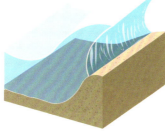

C 海浪沿海岸减弱
海浪的力量在拍击海岸时得到释放。可能会出现一波或多波海涌。

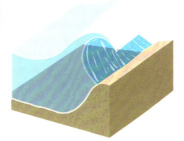

D 岸上发生水灾
海水可能需要数小时甚至数日才能恢复到正常水平。

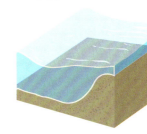

波浪规模比较

10米
8米
3米
1.8米

大海啸产生的波浪可能达到的高度为

10米。

2 形成海浪

当这团海水下沉时，海水开始振动。但是，海浪只有0.5米高，轮船可以通过，船员甚至都没有注意到。

波谷

波峰

波浪的长度
在开阔水域，海浪的长度为100~700千米，即波峰与波峰之间的距离。

3 海浪向前移动

海浪可以行进数千千米而毫不减弱。当靠近岸边海水变浅时，海浪彼此靠得更近，同时也涨高了。

4 海啸

在到达海岸时，海浪的前进道路受阻。海啸就像坡道，将海浪的所有力量都转而向上。

沿岸的建筑物可能会受到损坏或毁坏。

海啸的速度
50千米/小时

20米深

在海啸到达的5~30分钟之前，海平面突然降低。

大灾之后

这张图片显示了泰国西南部沿海省份攀牙拷叻的卫星图像。这张照片是在2004年12月26日发生巨大海啸三天之后拍摄的。那次海啸是由于欧亚板块和澳大利亚板块在临近印度尼西亚处相撞引起的。这是40年来最强烈的海底地震。下图则是两年之前该地区的卫星照片。

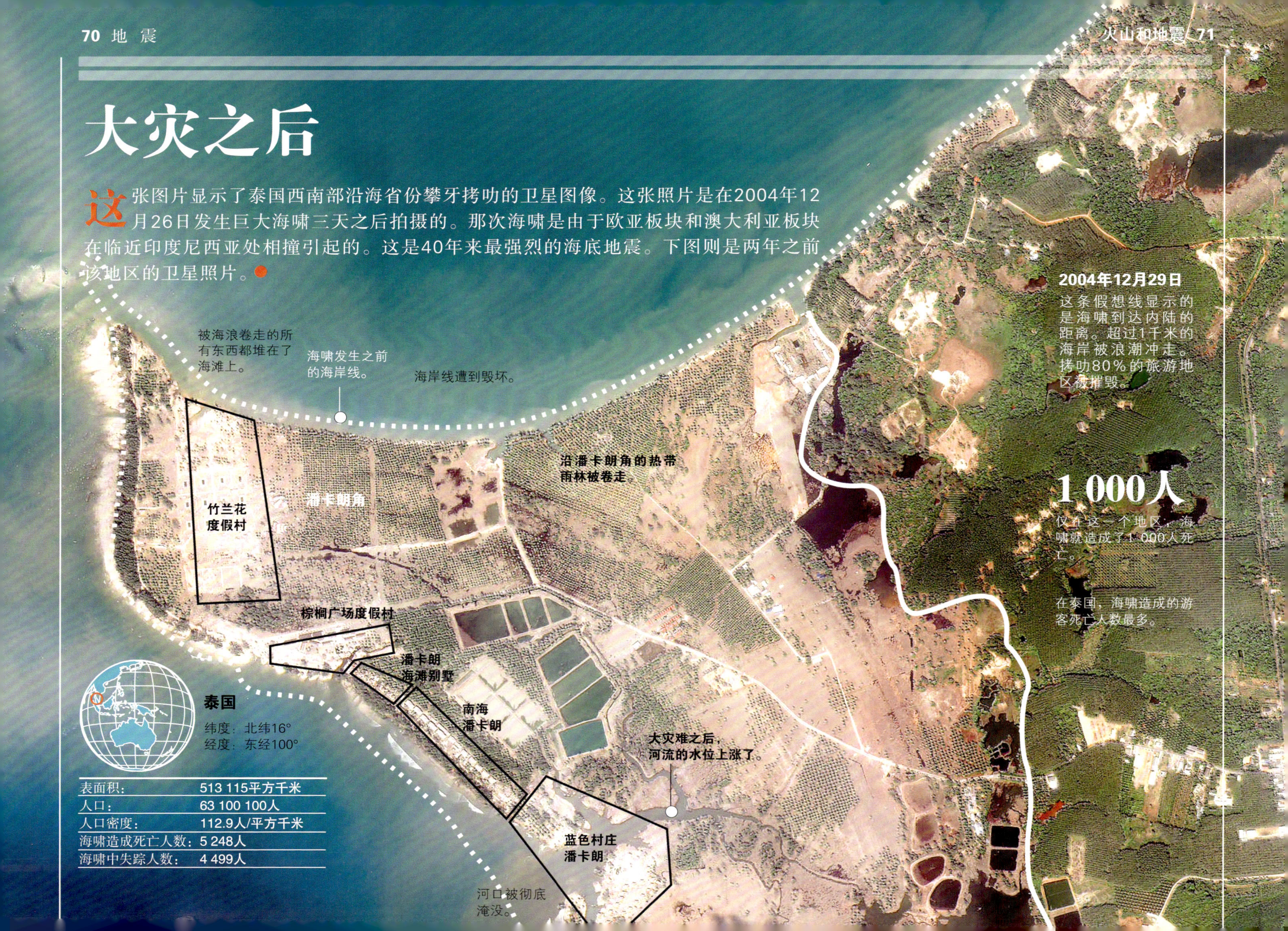
被海浪卷走的所有东西都堆在了海滩上。
海啸发生之前的海岸线。
海岸线遭到毁坏。
竹兰花度假村
潘卡朗角
沿潘卡朗角的热带雨林被卷走。
棕榈广场度假村
潘卡朗海滩别墅
南海潘卡朗
大灾难之后，河流的水位上涨了。
蓝色村庄潘卡朗
河口被彻底淹没。
2004年12月29日
这条假想线显示的是海啸到达内陆的距离。超过1千米的海岸被浪潮冲走。拷叻80%的旅游地区被摧毁。
1 000人
仅在这一个地区，海啸就造成了1 000人死亡。
在泰国，海啸造成的游客死亡人数最多。
泰国
纬度：北纬16°
经度：东经100°

表面积：	513 115平方千米
人口：	63 100 100人
人口密度：	112.9人/平方千米
海啸造成死亡人数：	5 248人
海啸中失踪人数：	4 499人

海浪淹没的地区

1 000~1 500米

500
m
0

胡哈克海滩

安达曼海

根多海滩的沙子都被冲走了。

水翼律度假村建湖度假村

大钻石温泉度假村

台普格圣雄湖度假村

上午10:00时
这是海浪袭击海滩的时间。

中国

印度

泰国

地震的震中

印度洋

2003年1月13日
那次灾难发生之前将近两年,大面积生机勃勃的植被,大丽的白色沙滩,一排排的建筑物,提高了这个旅游中心的自然吸引力。

印度洋

表面积	7340万平方千米
占地球表面积的百分比	14%
占海洋总体积的百分比	20%
板块边界长度	1200千米
2004年影响到的国家	21个

持续时间

震动持续了8~10分钟，为有记录的最长时间之一。海浪经过6小时到达8 000千米之外的非洲。

起因和影响

2004年12月26日，发生了一次里氏9.0级地震，这是自1900年以来的第三大地震。震中距印度尼西亚苏门答腊岛西海岸160千米。这次地震造成的海啸袭击了印度洋所有海岸。苏门答腊岛和斯里兰卡岛遭受了最严重的灾难。印度、泰国和马尔代夫也遭受破坏，远至非洲的肯尼亚、坦桑尼亚和索马里都有受害者。

印度
人口：10.65亿
18 045人死亡

维沙卡帕特南

1厘米/年

班加罗尔
科钦
普摩多尔
拜蒂克洛
科伦坡
马特勒

索马里
人口：8 863 338
289人死亡

印度板块

马尔代夫
人口：339 330
108人死亡

斯里兰卡
人口：19 905 165
35 322人死亡

肯尼亚
人口：34 707 817
1人死亡

非洲板块

坦桑尼亚
人口：37 445 392
13人死亡

3小时

4小时

5小时

6小时

印度洋

第一波海浪的速度为
800千米/小时

7:58
发生海啸的当地时间（格林尼治时间00:58）。

估计死亡人数高达
230 507人。

其中30%为儿童。

受害者
在这张地图上标出了各国确认的死亡人数和失踪人数，按其总和估计了死亡总人数。此外，这次海啸迫使160万人被疏散。

图例
- 🔴 受影响最大的地区
- ⇉ 板块以不同速度运动
- **6小时** 海浪到达指定的虚线所需的时间。

海浪运动

欧亚板块

亚洲

孟加拉国
人口：141 340 476
2人死亡

达卡

缅甸
人口：42 720 196
600人死亡

曼德勒

仰光

孟加拉湾

印度尼西亚
人口：238 452 952
167 736人死亡

曼谷

泰国
人口：64 865 523
估计8212人死亡

10厘米/年

普吉岛

马来西亚
人口：23 522 482
74人死亡

班达亚齐

1.0厘米/年

苏门答腊岛

1.0厘米/年

1小时

震中
北纬3°18'
东经95°47'

震级9级
后发生多次余震，最高达7.3级。

菲律宾板块

太平洋

太平洋板块

20秒钟

苏门答腊岛

班达亚齐

震源

1 **海底地震**
造成海底30千米以下的印度板块边缘发生15米的位移。

8分钟

2 **海浪开始形成**
在震中西北和东南方向测到大浪。

海啸的前进

🔺 澳大利亚的一座地震观测站监测到了地震运动。这次地震后来造成了巨大的海啸，以高达10米的巨浪袭击了最近的海岸线。一个半小时后，海啸到达斯里兰卡和泰国。海啸共有7次浪峰，到达海岸的时间间隔为20分钟。当数小时后海浪浪峰到达非洲时，海浪已经大大地减弱了。

24分钟

海浪到达陆地。

3 **第一波冲击**
10米高的海浪摧毁了印度尼西亚的班达亚齐，并冲上陆地纵深达4千米。

研究与预防

于存在很多的变量，而且由于没有任何两个断层系统是相同的，因此预测地震非常困难。这就是为什么居住在具有高地震风险地区的人们开发了一系列的策略，来帮助大家掌握发生地震时该如何行动的知识。例如，美国的加利福尼亚州和日本都是人口稠

北岭
1994年，美国加利福尼亚州北岭市发生了6.7级地震，造成大约60人死亡以及高达约400亿美元的经济损失。

密地区，这些地区的建筑设计如今都根据稳定的建筑模型来进行，这样的方式挽救了很多人的生命。那里的孩子们在学校定期接受培训，进行避险实践演练，知道到哪里寻求保护。专家在试图了解地震成因的同时，了解到了很多关于地震的知识，但是他们仍然不能预测什么时候会发生地震。●

风险地区

研究发现，发生地震的地区都有一个活跃断层，而地球上有无数这样的断层。这些断层在靠近山脉和大洋中脊的地区尤为常见。不幸的是，很多人口稠密区也建立在离这些危险地区不远的地方，当发生地震时，那里就会变成灾区。在构造板块相撞的地区，发生地震的风险则更高。●

亚洲

6.8
神户，1995年
神户市以及周围村庄在30秒内就被摧毁了。

8.1~8.7
阿萨姆邦，1897年
印度西北部有1 600多人死亡。

9.0
苏门答腊岛，2004年
亚洲发生海啸。苏门答腊岛附近发生的地震产生了高达10米的巨浪，造成大量人员伤亡的悲剧。

9.2
阿拉斯加州，1964年
持续了3~5分钟，造成的海啸导致122人死亡。

8.3
旧金山，1906年
大火与地震摧毁了这座城市。

8.1
墨西哥，1985年
两天后发生了一次7.6级余震。11 000多人死亡。

印度—澳大利亚板块

山脉

海沟

太平洋板块

俯冲消减带

菲律宾板块

太平洋板块

太平洋

太平洋板块

太平洋

马里亚纳海沟
地球上最深的海沟，最深处为海平面以下11 034米。这条海沟位于北太平洋西侧，马里亚纳群岛以东。

科科斯和加勒比板块
这两个板块之间的接触方式为聚合型：科科斯板块在加勒比板块下运动，也就是我们所知的俯冲消减现象。这会导致大量的地震和火山。

科科斯板块

加勒比板块

印度洋

印度—澳大利亚板块

印度—澳大利亚板块

新西兰断层
一个大断层，其中对应的两大板块相对滑动。这是一种特殊的断层，称为转换断层。

太平洋板块

南极洲板块

最脆弱的地区

地震是不可预知的，而且是破坏性最大的自然现象之一。地震晃动地球，它们撕开并移动地表。在人口密度高且地震活跃的地区，地震能够在几秒钟之内把一座平静的城市变成灾难最严重的区域。但是在空旷地区，地震的影响就小得多。因此我们可以总结说，不是地震，而是建筑物造成了人员伤亡。

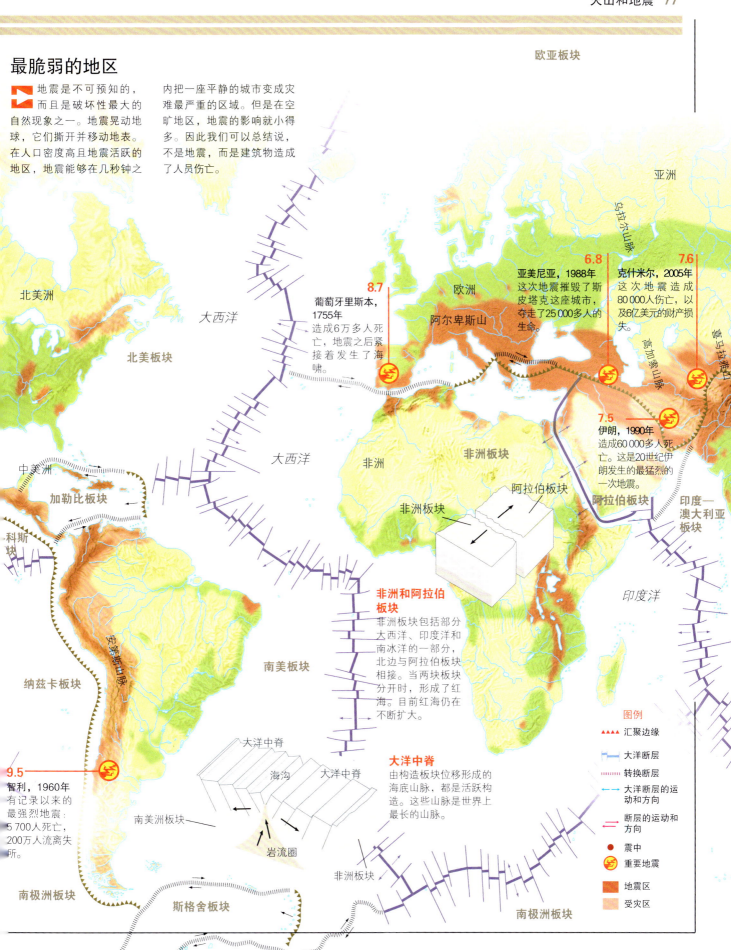

欧亚板块

亚洲

乌拉尔山脉

6.8
亚美尼亚，1988年
这次地震摧毁了斯皮塔克这座城市，夺走了25 000多人的生命。

7.6
克什米尔，2005年
这次地震造成80 000人伤亡，以及6亿美元的财产损失。

喜马拉雅山

高加索山脉

北美洲

大西洋

欧洲

阿尔卑斯山

8.7
葡萄牙里斯本，1755年
造成6万多人死亡，地震之后紧接着发生了海啸。

北美板块

非洲

非洲板块

7.5
伊朗，1990年
造成60 000多人死亡。这是20世纪伊朗发生的最猛烈的一次地震。

阿拉伯板块

印度—澳大利亚板块

大西洋

阿拉伯板块

中美洲

加勒比板块

科斯块

印度洋

非洲和阿拉伯板块
非洲板块包括部分大西洋、印度洋和南冰洋的一部分，北边与阿拉伯板块相接。当两块板块分开时，形成了红海。目前红海仍在不断扩大。

安第斯山脉

纳兹卡板块

南美板块

9.5
智利，1960年
有记录以来的最强烈地震：5 700人死亡，200万人流离失所。

大洋中脊

海沟

大洋中脊

大洋中脊
由构造板块位移形成的海底山脉，都是活跃构造。这些山脉是世界上最长的山脉。

南美洲板块

岩流圈

非洲板块

图例

▲▲▲▲ 汇聚边缘

大洋断层

转换断层

大洋断层的运动和方向

断层的运动和方向

● 震中

重要地震

地震区

受灾区

南极洲板块

斯格舍板块

南极洲板块

精密仪器

地震的破坏性潜力产生了研究、测量和记录地震的需求。地震记录，也叫"地震图"，是由叫作"地震仪"的设备生成的。地震仪主要捕捉物质的震动，并将其转化成可以测量和记录的信号。研究人员通常以三台地震仪对一场地震进行分析，每台地震仪在指定位置对一个单一方向进行记录。这样，一台地震仪探测从北向南发生的震动，另一台记录从东向西发生的地震，而第三台探测垂直震动和上下震动。利用这三台仪器，就可以重现一次地震。●

历史上的测震仪

现代测震仪配有数字系统，可以最大程度地确保精确度。传感器依然根据移动机械部件的地震能量测量地震，这与世界上第一台评估地震的仪器原理相同。第一台测震仪是由中国数学家在2 000多年前发明的。从那时开始，地震测量仪器日趋完善，直到今天。

工作原理 当地震发生时，振荡物质随之震动。"龙"衔着小球，与一根固定的杠杆连接，保持着微妙的平衡。

地震波

公元123年

张衡的地动仪

已知第一位地震学家是中国人张衡。金属钟摆悬挂在一个大青铜罐的盖子上。地震运动发生时，那个方向的小球会从龙嘴里落到青蛙嘴里。有些这类测震仪的模型有2米高。

张衡

中国数学家、天文学家和地理学家（公元78年–139年），他还发明了里程计（记里鼓车），计算了圆周率的平方根（3.14），并对日历进行了纠正。

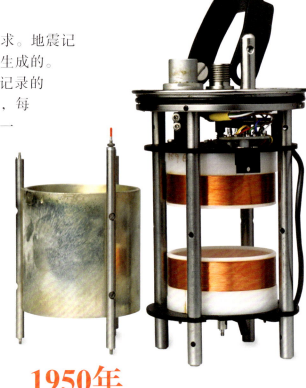

1950年

便携式测震仪

这种地震仪结构坚固，可以安放在野外。这个模型将运动转化为电子脉冲，因此信号可以传播一定的距离。

1906年

博世—大森地震计

这是一种水平钟摆，带有一支笔，可以直接在纸上做记号。利用这种仪器，日本科学家大森记录了1906年发生在旧金山的地震。

1980年

威尔摩尔便携式地震计
在这种管状的仪器里，敏感物质随着地震活动的节奏发生震动和移动。电磁石将这种震动转化为电子信号，传送到记录数据的计算机。

地震学的先驱们

现代地震学的定义原则是随着把地震与各大陆的运动联系起来而问世的，但这种认识在进入20世纪多年后才达成。从19世纪开始，很多学者已对此作出了不可或缺的贡献。

罗伯特·马利特
（1810—1881）
来自爱尔兰的都柏林。在亲身经历地震之前，就对地震传播速度作过重要研究。

约翰·米尔恩
（1850—1913）
英国地质学家和工程师，创造了针式地震仪，他是现代地震学的先驱，并将地震与火山作用联系起来。

理查德·奥尔德姆
（1858—1936）
英国人，于1906年发表了一份关于地震波传输的研究。在研究中他还提出了存在地核的概念。

弹簧
能让枢轴和物质作垂直运动（振动）。

地震仪
在纸带上记录振幅。

振荡铅笔
跟随设备放大的震动节奏移动。

转鼓
以精确的恒速移动纸卷。

枢轴
支撑并维持一根轴，可以有一个转轴。

时钟和记录器
接收信号，与之同步，并转换信号。

悬浮块
根据地震波的方向移动，幅度与地震波的强度成比例。

水平运动

运动传感器
支撑悬浮块的架构产生位移且挪动了电磁石内的一部分。电磁场内产生的变化转化成电子信号。

水平运动

地震仪的工作原理

地球震动使充当传感器的物块产生运动。将连接悬浮块的枢轴用铰链连接起来，只允许它在一个方向运动：水平或垂直，这取决于弹簧的灵敏度和刻度。这些运动被转换为电子或数字信号，以供处理和记录。

悬置体
地面的微小震动会使基座做出较大的摆动。

连接电缆
传输产生的电子信号。

固定的基座
悬置程度越高，设备的敏感性就越强。

无休止的运动

历史上人类一直试图找到预测地震的方法。现在，人们建立地震观测站和各种各样的在野外收集信息的探测仪器，并与其他地方的科学家发出的数据进行比较。根据这些记录，就有可能评估大地震发生的可能性，从而采取相应的应对措施。●

从远处观察

地震学家在可能发生地震的地区的断层线上架设仪器。然后，在地震观测站汇编野外设备采集的信息。这样就可以注意到发生的所有重大改变。如果有任何显示有可能会发生地震的迹象，就会启动应急预案。这些仪器中的绝大部分都是自动运行，通过电话系统传送数字数据。

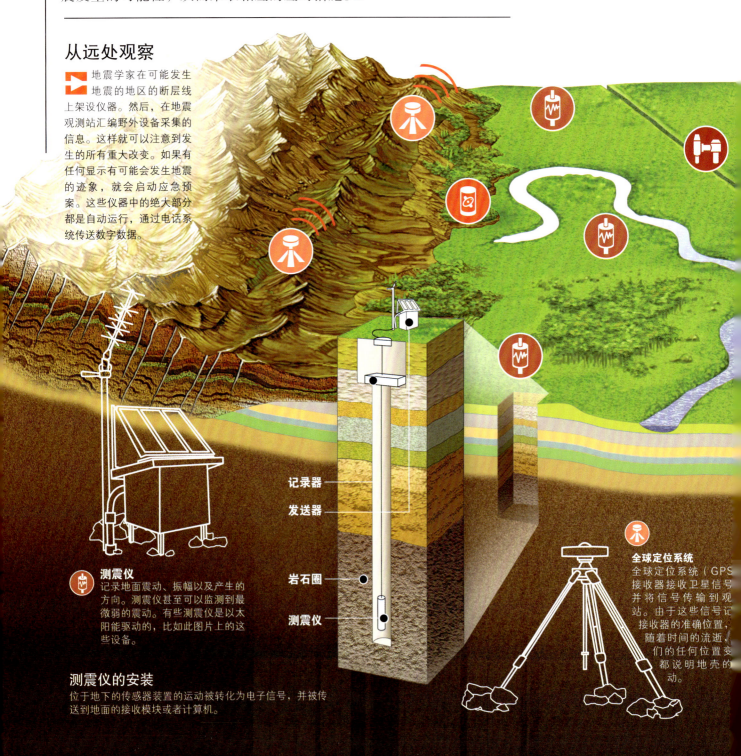

记录器

发送器

岩石圈

测震仪

测震仪

记录地面震动、振幅以及产生的方向。测震仪甚至可以监测到最微弱的震动。有些测震仪是以太阳能驱动的，比如此图片上的这些设备。

测震仪的安装

位于地下的传感器装置的运动被转化为电子信号，并被传送到地面的接收模块或者计算机。

全球定位系统

全球定位系统（GPS接收器接收卫星信号并将信号传输到观站。由于这些信号记接收器的准确位置，随着时间的流逝，们的任何位置变都说明地壳的动。

地震网络

如果系统孤立地工作，它们产生的信息也无法分享，这样即使安装了复杂的监测系统也作用不大。人们已经建立了全国性和国际性的地震网络，利用通讯技术将他们的观测结果传送到那些可能受到影响的地区。

网络的构成

一个地区的研究结果可能对很远以外的地方产生影响。数据的即时提供为联网工作提供了可能。

卫星

有些卫星被用于GPS系统，而其他的一些卫星也非常重要，因为它们可以拍摄极为精确的照片，并可以转换为信号向基地迅速传送。

实验室

研究中心的网络支持对数据进行比较，从而提供全球性的视野，加强了科学预测的能力。

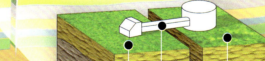

蠕变计
通过测量两次地震之间的运动以确认板块的缓慢移动或断层的两个边缘之间的时间间隔。蠕变计包括一个张力系统和一个校准设备。两端之间的任何运动都会改变磁场。

平整的地面 **平整的地面**
电缆架 **断层**

磁力计

当岩石间的张力发生变化时，地球的磁场也会发生变化。因此，磁力的变化可以代表构造运动。磁力计可以从其他更细微的变化中区分这些变化。

地震尚无法预测

一个可以接受的预测系统必须是准确的和可信赖的。因此，此类系统对位置和时间的不确定性必须很低，必须尽量减少失误和错误的警告。如果作出虚假警报，造成疏散数以千计的人，并为他们提供住宿、补偿他们的时间和工作损失，导致的代价是无法弥补的。目前尚没有值得信赖的地震预测方法。

蠕变计的安装

要测量两端的相对运动，需要固定两根柱子，在断层的每一侧各立一根，埋入地下2米深，或超过混凝土基座的深度，并形成一定的角度（但不能是直角）。

稳定的建筑物

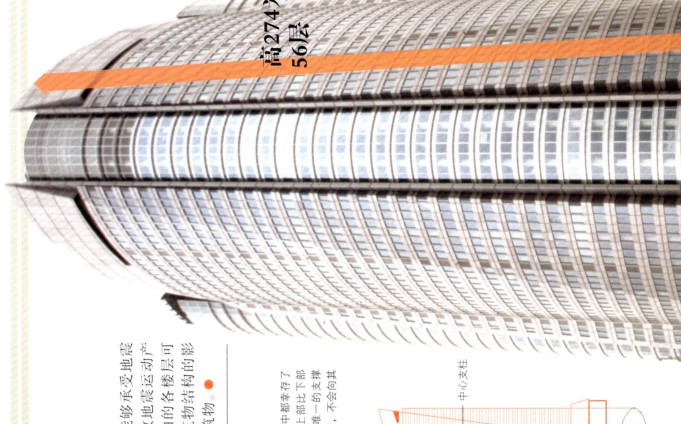

高274米 56层

地震地区的城市，建筑物的设计和建造必须有防震结构，能够承受地震造成的运动。地基的设计应具有阻尼作用，这样可以吸收地震运动产生的能量。有的建筑物有大型的金属轴，建筑物环绕着金属轴的各楼层可以小范围摆动，但是不会倒塌。目前人类所掌握的地震对建筑物结构的影响，以及对不同材料性能方面的知识，足以建造相对坚固的建筑物。

为什么日本的塔没有倒

日本的塔在数个世纪中发生的地震中都幸存了下来。这些塔有五层高，建筑的上部比下部小。塔由一根中心支柱支撑起来，这是唯一的支撑物。在地震中，每一层都保持独立的平衡，不会向其他层传递震动力。

摆动原则

每层还有一个对称结构。在发生地震时，屋檐相对的末端起到了平衡块的作用，保持了塔的平衡。

六本木新城大厦

六本木新城大厦位于东京，其结构由简单的几何体构成。这些几何体呈对称性分布，形状上没有任何不规则的地方。这座大厦由一个厚重的中心支柱和一个轻型的刚性外部框架组成。

六本木新城，日本东京

纬度	北纬36°
经度	东经140°
面积	380 105平方米
楼层	54层（另6层在地下）
宽度	84米
高度	238米

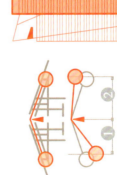

中心支柱

第五层　第四层　第三层　第二层　第一层

中心支柱

防震建筑

设计防震结构的方法有很多种：墙的分布，梁和柱的接合以及简单的几何体。还有地震模拟器，即大型平台，可以通过摇晃一个结构体来进行测试。模拟器被用于测试材料并研究作用于其上的各种力。但是，一座建筑物真正的抗震能力只有在建成之后，并在实际地震中幸存下来才能得到确认。

结构体

为了避免不平衡现象，结构体的上部组件必须位于几根轴的上面，不能有任何孤立的垂直部件。如果在墙壁移动时横梁保持静止，那么结合件就会折断。力量可以通过弹性材料制成的轴传递出去。

避免偏心接合

悬挂系统

使用该系统的建筑物在地震中只会经受很小的摆动力量。悬挂系统是孤立的，建在一个大型深沟内，由特殊设备隔离。此外，由于建筑物上层部分的移动幅度要比下层大，机械阻尼器对角安装，作用于顶部的拉紧力量大于底部，这样标准建筑物就成为一个弹性更高的整体，对突发的变化有抵抗能力。

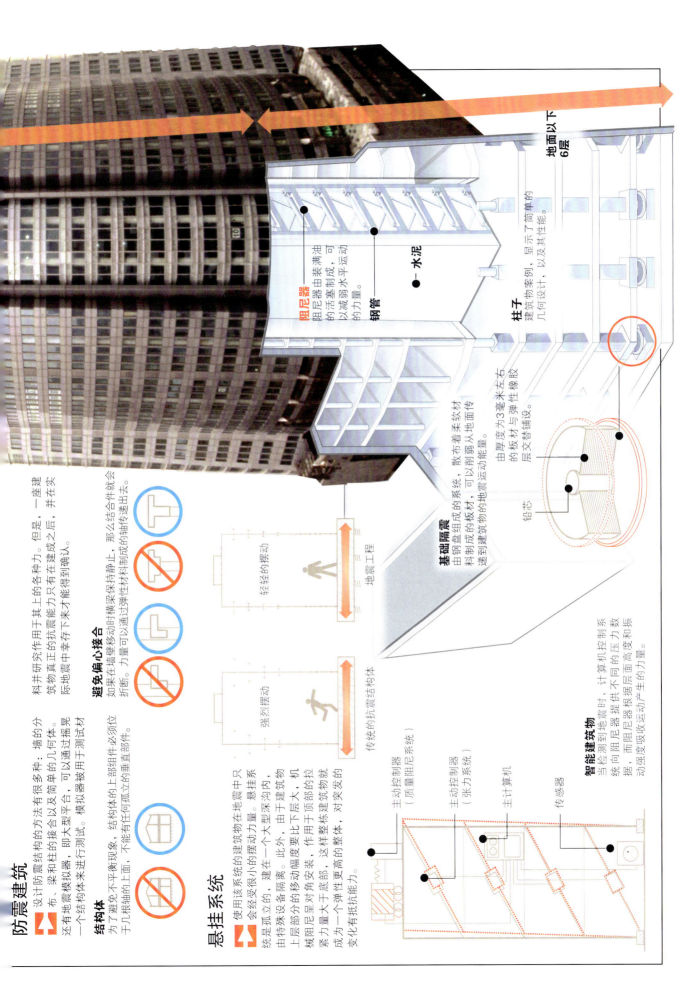

传统的抗震结构体
强烈摆动

悬挂系统
地震工程
轻轻的摆动

智能建筑物
当检测到地震时，计算机控制系统向阻尼器提供不同的压力数据，而阻尼器根据高层面高度和振动速度吸收运动所产生的力量。

主动控制器（质量阻尼系统）
主动控制器（张力系统）
主计算机
传感器

基础隔震
由钢盘组成的系统，散布着柔软材料制成的板材，可以削弱从地面传递到建筑物的地震运动的能量。
铅芯
由厚度为3毫米左右的板材与弹性橡胶层交替铺设。

柱子
建筑物案例，显示了简单的几何设计，以及其性能。

阻尼器 由装满油的活塞制成，可以减弱水平运动的力量。
钢管
水泥

地面以下
6层

保持警惕

当地球震动时，没有什么可以将其阻止，灾难看起来不可避免。然而虽然灾难不可避免，但是我们可以采取很多措施来减小灾害的程度。地震多发地区的居民已经整合了一系列的预防措施，避免受到惊吓，并帮助他们在家中、办公室或户外采取合适的行动。这些基本行为准则可以帮助人们在地震中幸存下来。●

预防

如果你住在地震多发区，熟悉你所在社区的应急计划，为家人在地震发生时如何行动进行计划，了解急救知识，了解如何灭火。

发生地震时

一旦你感觉到脚下的地面开始活动，就赶紧寻找安全的地方（比如门框下面或桌子底下）藏起来。如果你碰巧在大街上，要马上到开放的空间去，比如广场或公园。保持冷静很重要，不要被惊慌失措的人影响。

在家

房屋按照防震建筑规范进行建造至关重要，并确保有人负责切断电源和燃气。

急救箱
准备一个急救箱，并确保药品和疫苗是最新的。

灯光
准备应急照明设备、手电筒、晶体管收音机以及电池。

固定物体
将家具、书架等笨重物体以及燃气用具等固定在墙壁或地板上。

断路器
安装一个断路器，并了解如何切断电源和燃气。

食物和水
存储饮用水和不易腐败变质的食物。

急救
学习急救知识，并参加社区的地震反应训练。

不要使用电梯，因为电梯的电源可能会被切断。

如果需要紧急疏散，楼梯是最安全的途径，但是可能会挤满了人。

最好指定一名领导者，可以引导其他人。形成一条人链，避免走失或者发生事故。

可能因为运动而落下的物体应该固定在墙上。

有毒或易燃物质不得有泄漏的危险。

确认门框下、柱子旁或桌子下的安全点。

不要划火柴或者使用明火，使用手电筒。

不要饮用自来水，因为水可能被污染了。

火灾通常比地震本身更危险，很容易失控并在城市中蔓延。

不要在大街上乱跑，这么做会引起恐慌。

在办公室

办公室通常位于方便大群人聚集的地方。因此建议你保持原地别动，不要冲向出口。当人们慌乱时，被人群踩踏的可能性比被建筑物压到的可能性更大，特别是在人口密集的建筑物。

标志逃生路线，并确保路线上没有障碍物。

知道应急设备的位置，比如灭火器、水管、斧头等等。

躲在桌子下面，避免被落下的物体伤到。

远离窗户和阳台。

如果你在出口附近，离开那栋建筑物，到远处去。不要堵在门口。

如果你在车里，将车停在尽可能安全的地方（远离大型建筑物、桥梁和电线杆）。除非必要，否则不要下车。

在公共场所

当你在户外时，远离高层建筑物、电线杆以及其他可能会倒塌的物体很重要。最安全的行为是转向公园或其他开放空间。如果地震是在你开车时突然发生的，停车并留在车里，但是要确保离桥梁很远。

转向开放空间，比如广场和公园，尽可能远离树木。

海岸线

不要靠近海岸线，因为那里可能会发生海啸。还要避免接近河流，因为那里可能会形成湍流。

听从民防人员的指挥。

远离建筑物、墙壁、电线杆和其他可能倒下的物体。

修好供水和燃气管线的断裂是首要任务。

救援工作

一旦地震结束了，必须开始救援行动。在这一阶段，确定是否有人受伤并实施急救至关重要。不要移动发生骨折的病人，不要饮用开口容器中的水。

救援人员

地震之后的首要任务就是搜索幸存者。

搜救犬

经过特殊训练的动物，带着保护头盔和口罩，可以搜索碎石下的幸存者。

运输

保持受灾地区的道路畅通非常重要，这样可以确保紧急救援小组进入灾区。

大火中的旧金山

1906年4月18日，一场大地震降临了旧金山：短短数秒钟内，这座美国主要城市之一的大部分就变成了一片瓦砾。在地下压抑了数个世纪的能量在这场里氏8.3级的地震中瞬间爆发了出来。尽管地震摧毁了许多建筑，但震后燃烧了三天的毁灭城市的大火造成了更为严重的损失，迫使人们逃离自己的家园。●

4月18日

1 一切始于此时

1906年4月18日上午5时12分，太平洋板块沿430千米长的圣安德烈亚斯断层的北部地区出现了大约6米的位移。地震的震中位于旧金山以西3千米的太平洋中。几秒钟内，

大地开始颤抖，城市中的大部分主要建筑纷纷倒塌。在鹅卵石街道上行驶的有轨电车及马车刹那间变得支离破碎。

市政大厅

市政大厅的外墙上方为一圆形拱顶，由钢结构的廊柱系统支撑。它曾被视作该市最美丽的建筑物之一。

瓦斯照明灯
是这座城市发达程度的体现。

市政大厅的历史

🔺 大地震之前，市政大厅一直都是市政府所在地，并且是这座城市的标志性建筑。这座建筑物始建于19世纪后半叶，它代表着由加利福尼亚淘金热所带动的一个快速发展的时代。1870年2月22日开始动工修建，历经27年完工，期间对设计师Auguste Laver的原始设计进行了多次修正。当市政大厅建成后，据说整个建设工程中牵涉了严重的腐败问题，当时工程总成本达到6百万美元之巨，按照今天的计算，该建筑物应能经受得住6.6级的地震。然而，大地震过后，仅有拱形屋顶和钢结构还挺立在那里。这些残骸于1909年被全部拆除。

坍塌的建筑外表面

这座圆形建筑基础以上的外部立面在地震中完全坍塌了。

美国
加利福尼亚州
旧金山

北纬 42° 40′
西经 122° 18′

表面积	120平方千米
人口	739 426人
人口密度	每平方千米6 200人
每年有感地震次数	100~150次
每年发生的地震总数	10 000次

4月20日

③ 旧金山大火

地震发生两天后，最初局部性的火灾终于演变成了毁灭城市的炼狱之火。大量民众被疏散到其他地方，同时为了控制火势，军队炸毁了一些建筑物。消防员不得不使用海水来灭火。

3年

④ 灾后重建

大灾之后的数年间，这座城市就以一副崭新的形象重新崛起于废墟之上，这一切都要归功于其所拥有的巨额财富及强大的经济实力。据估算，这场大地震造成的经济损失约合今天的50亿美元，这是美国历史上第二大的自然灾害，其造成的损失仅次于发生在2005年的卡特里娜飓风。

上午5时12分

② 地震

此次地震不仅强烈，而且在40秒内不断地向各个方向发出冲击。人们纷纷逃离家门、跑上街道，他们全被这场灾难吓懵了，像无头的苍蝇一样到处乱撞。许多建筑物出现了巨大的裂缝，而另外一些瞬间就变成了一堆堆的瓦砾。一名邮局工作人员是这样描述当时场景的："墙壁被抛入了屋中，不仅砸毁了房间中的家具，并且到处尘土飞扬"。

清理废墟

据计算，大约有3 000人在1906年发生的地震灾难中丧生，大多被困在倒塌的房屋中或被地震引起的火灾烧死。在随后的数周时间里，军队、消防员和其他工人将残垣碎瓦堆放到海湾，形成了新的陆地，就是今天的马里那区。主干道的交通开始逐渐恢复，电车系统得以重建。地震六周之后，银行和商店重新开门营业。

户外午餐
军队在露营地建起厨房。在这些户外厨房中一直有食物供应，甚至每个人都有定量的免费烟草供应。

工人们在清理房屋废墟时的合影。

军队的帐篷为难民提供了住处。

工人
截止4月21日星期六，大约300名管道工人进入旧金山重建服务设施，主要是修复供水系统。在随后的几周里，数千名工人拆掉不稳定的建筑物，清理街道，恢复交通，清除市内的碎石。使用了将近15 000匹马来运送碎石。

不久之后
这张全景照片描述了城市的破坏程度。尽管遭受了巨大的破坏，还是有很多建筑物屹立不倒。

圣玛丽教堂

唐人街
被大火完全摧毁。

18 000

尽管发生了1906年大地震和后来的多次地震，旧金山目前仍然保留了18 000栋那个时期的建筑物。

三天大火

地震之后发生的大火迅速蔓延，消防人员竭尽全力来控制火势的蔓延。由于断水，他们不得不使用炸药来建防火通道。军队疏散了这个地区，任何人都不得携带任何东西。在城市发生火灾的三天中，据推测很多房主烧毁了部分受到地震损坏的房屋，以便获得保险赔偿。其他对这次火灾产生影响的是有目的的爆破，开始时进行得很糟糕，扩大了火势。到第四天，这座城市的中心已经成了灰烬。

1 火灾从城市南部工人区的市场街地区开始，那里有很多木质房屋。

2 第二天，火灾向西蔓延。大约30万人用轮渡从港湾被疏散。

3 第三天，大火席卷了唐人街和北滩，对北滩山上的维多利亚式建筑造成严重损害。

4 火灾被扑灭之后，俄罗斯山和电报山（图上的白点处）仍然完好无损，港口也是如此。

难民营
军队在公园中建起帐篷，为那些无家可归的人提供住处。数月后，政府为大约20 000人建设了临时住房。

消防员在努力灭火。

商务交易所
始建于1903年，在地震中幸存下来，后来再次经过粉刷。

米尔斯大厦
这栋位于金融区的建筑建于1890年。

28 000
栋建筑被摧毁
这是据统计，由大地震造成的巨大损失。这些建筑物中很多都以奢华而闻名，比如市政厅。

历史上发生的大地震

地球是不停运动的，不断发生移位、碰撞和地震，自从地球存在之初到现在一直如此。地震有很多种，从温和的震动到剧烈得令人恐怖的强震。很多地震作为人类曾经经历过的最为恶劣的自然灾害而载入史册。例如1755年的葡萄牙里斯本地震、1960年的智利瓦尔迪维亚地震、2005年的克什米尔地震，这三个例子表现了地震对人类从身体上、物质上以及情感上的蹂躏。●

1995年

日本神户

震级	里氏6.8级
死亡人数	6 433人
物质损失	1 000亿美元

人间地狱
1995年1月17日发生在日本港口城市神户的阪神大地震，造成了6 000多人死亡，38 000多人受伤，319 000人不得不住在1 200多个应急庇护所。永田区是受灾最严重的地区之一。由于老旧的木屋在地震之后的大火中变成了灰烬，那里几乎将近80%的受害者丧生。

惨剧之后
整个世界都震惊了，痛苦地看着神户这座港口城市变成了废墟。

1755年
葡萄牙，里斯本

震级	里氏8.7级
死亡人数	62 000人
经济损失	未知

那是一个死亡之日。早上9时20分，里斯本的几乎所有人都在教堂。当人们正在举行弥撒时，地震发生了。这次地震可能是历史上破坏性最大、最致命的地震之一。地震引发了海啸，从挪威到北美洲都能感受得到，夺走了那些试图在河流中寻求庇护的人的生命。

1906年
美国，旧金山

震级	里氏8.3级
死亡人数	3 000人
经济损失	50亿美元

这座城市被地震以及随后发生的火灾席卷。地震是由于40多千米长的圣安德烈斯断层发生断裂造成的。这是美国历史上最严重的地震，造成300 000人无家可归，财产损失在当时达数百万美元，建筑物倒塌，大火持续了三天，而且供水线路被破坏。

2004年
印度尼西亚，苏门答腊岛

震级	里氏9.0级
死亡人数	230 507人
经济损失	不可估量

这次地震发生在12月26日，震中穿越印度尼西亚的苏门答腊岛。地震造成的海啸影响了整个印度洋，特别是苏门答腊群岛和斯里兰卡，并到达印度、泰国、马尔代夫甚至肯尼亚和索马里的海岸。这是一场不折不扣的人类灾难，经济损失不可估量。

1960年
智利，瓦尔迪维亚

震级	里氏9.5级
死亡人数	5 700人
经济损失	5亿美元

这次地震也称为智利大地震，是20世纪最强烈的地震。产生的表层海浪非常猛烈，以至于地震发生60小时之后，测震仪仍然能够监测到震感。这次地震在地球的多个地方都能感觉到，巨大的海啸在太平洋上传播，在夏威夷造成60多人死亡。这是有记录以来最为强烈的地震之一，余震持续了一个多星期。5 000多人丧生，几乎200万人受到损害和损失。

1985年
墨西哥，墨西哥城

震级	里氏8.1级
死亡人数	11 000人
经济损失	10亿美元

墨西哥城在9月19日发生地震。两天之后，发生了一次里氏7.6级的余震。除了造成11 000人死亡之外，还有30 000人受伤，95 000人无家可归。当科科斯板块滑动到北美洲板块下面时，北美洲板块在地壳以下20千米处发生断裂，或被劈开。大洋板块在墨西哥西南海岸外的震动引发了海啸，产生了相当于1 000颗原子弹爆炸的能量。强烈的震波向东到达远至大约350千米之外的墨西哥城。

2005年
克什米尔

震级	里氏7.6级
死亡人数	80 000人
物质损失	5.95亿美元

地震发生在2005年10月8日，位于印巴之间的克什米尔地区。由于当时学校正在上课（上午9时20分），很多受害者都是学生，由于校舍倒塌而死亡。这是这个地区一个世纪之中经历的最强烈地震，300万人失去家园。受灾最严重的地区所有的家畜都死了，所有的耕地被土石所掩埋。震中位于伊斯兰堡附近的克什米尔群山中。

术　语

aa（渣块熔岩）

熔岩流的一种，其表面含有火山熔渣固体碎片。当硬化后，表面粗糙，覆盖着无数尖锐的固体碎片残骸。

白炽的

金属的一种特性，由于受热而变成红色或白色。

板块构造地质学

这是一种学说，认为地球的外层是由不同板块组成的，这些板块以不同的方式互动，造成地震，形成火山、山脉和地壳本身。

表面波

沿地球表面传播的地震波，能够在初波和次级波之后觉察到。

波罗的海的

波罗的海的，或者与沿波罗的海沿岸国家相关的。

初波

沿其前进方向对地面交替挤压、拉伸的地震波。

次级波

横向或横切波，运动方向与其前进方向成直角。

大洋中脊

大洋底绵长的山脉，其宽度在500~5000千米。

弹道的（碎片）

火山喷发时猛烈喷射出岩石块，沿着弹道或椭圆轨迹移动。

地核

地球的中心，外边缘为地球表面以下2 900千米。据研究，地核由铁和镍构成，有一个液态的外层和一个固态的内核。

地壳

地球最外层的坚硬部分，绝大部分是由玄武岩岩石（海洋下面）和高硅酸盐岩石（陆地下面）构成。

地幔

地壳和外核之间的部分。地幔的下部是岩流圈，部分熔化。

地幔涌流

从地幔深处上升的异常炽热的岩石柱，能够引起火山活动。

地热能

由来自地球内部的热水产生的蒸汽所生成的能量。

地震

由于地球自身能量释放而导致的地球震动。

地震波

由于地震或爆炸而产生的波状运动，在地球内部穿行。

地震持续时间

人类能够感知的地震的晃动或震动的时间。这段时间比测震仪记录的时间要短。

地震带

地震地区内有限的地理区域，具有类似的地震危险、风险和防震设计标准。

地震风险

在规定期限内，地震事件造成的经济和社会影响会超过某些预先确定值的可能性，例如：一定数量的受害人，建筑物受损和经济损失金额等等。还可以定义为某地与其他地方的相对地震危险。

地震空区

在断层区，或构造板块边缘的碎片区，已知有地震史和地震活动，记录有延长的平静期，或地震休止状态，在此期间大量的变形弹性能量集聚，因此该地区发生板块断裂和地震活动的可能性更高。

地震群

在很短的时间内在同一地区发生的一系列小地震，与其他地震相比，震级较低。

地震事件

大体量岩石沿着地壳的断层、裂缝发生的突然而猛烈的运动。活火山会产生各种类型的地震事件。

地震危险程度计算

确定不同地区地震风险的程序，目的是确定具有类似风险等级的地区。

地震学

研究地球自然震动或模拟震动的地质学分支。

地震仪

在地震时测量地球表面的地震波或振动的仪器。

断层位移

沿着断层产生的缓慢渐进运动。其特点是不会产生地震或震动。

断裂带

地壳分裂并扩展的地区，比如岩石中的裂纹。这些地区是由于构造板块分离形成的，断裂带的存在会造成地震和反复的火山活动。

对流

岩石物质在地幔内的垂直和循环运动，但仅见于地幔。

盾状火山

具有缓坡侧翼的大型火山，其缓坡由流动的玄武岩火山石形成。

浮质

火山气体带来的散布在空气中的小颗粒和液滴。

俯冲

海洋岩石圈沿着聚合边缘下沉到地幔的过程。纳兹卡板块正在向南美洲板块下俯冲。

俯冲消减带

地壳的一个板块滑到另一板块底下的狭长地带。

冈瓦纳古陆

泛古陆的南部，一度曾包括南美、非洲、澳大利亚、印度和南极洲板块。

构造板块

地球外层巨大的坚硬部分。这些板块位于地幔更柔软、可塑性更强的岩流圈上面，以每年2.4厘米或更高的速度缓慢漂流。

硅

最常见的物质之一，是很多矿物的主要成分。

海沟

在大洋底的狭长且非常深的地方，是在一个大洋构造板块边缘沉入另一块构造板块的下面时形成。

海啸

其英语名词源于日语，表示地震引起的超大海浪。

汇聚边缘

两个相撞的构造板块的边缘。

活火山

以有规律的间隔时间喷发熔岩和气体的火山。

火成活动

涉及岩浆和火山活动的地质活动。

火成碎屑流

沿着火山坡快速流动的炽热、稠密的火山气体、火山灰和岩石碎片混合物。

火山

由熔岩、火成碎屑物或二者共同构成的山脉。

火山玻璃

当熔岩迅速冷却而没有发生结晶时形成的自然玻璃。是由结构不规则的原子形成的一种固体形态的物质。

火山环

位于构造板块边缘附近的一系列山脉或岛屿，由与俯冲消减带相关的岩浆活动形成。

火山灰下降

由于地球重力作用，火山喷发后的火山灰（或其他火成碎屑物质）从烟柱中落下来的现象。火山灰的分布是风向作用的结果。

火山口，陨石坑

火山山顶的凹陷处，或者是由陨石冲击造成的坑。

火山砾

火山喷发喷射出的岩石碎片，尺寸在2~32毫米。

火山泥流

当含有火山灰和碎屑的不稳定层充满水分并从山上流下来时，在火山斜坡上形成的泥石流。

火山学

地质学的一个分支，研究火山的形成和活动。

间歇泉

从地下周期性喷出热水的泉。

抗震的，无地震的

指设计用于抵御地震的建筑物的特点，或无地震活动地区的特点。

里氏震级

测量一次地震震级或地震释放能量的测量标准。震级呈对数增长，里氏8级地震释放的能量是7级地震的10倍。地震的震级根据地震仪器测量值估算。

烈度表

用于衡量地震造成的地面运动严重程度的标准。烈度赋值主观上是根据感知到的震动程度以及对建筑物的损害程度确定的。广泛使用的烈度表是麦加利震级表（麦氏震级）。

密度

物体的质量与体积比。液态水的密度是每立方厘米1克重（1克/厘米^3）。

磨损

由摩擦以及由风、水和冰带来的其他颗粒造成的撞击而引起的岩石表面的变化。

逆冲断层

岩石层内的裂缝，形成于一个板块边缘滑动到另一板块边缘的上面时，形成的角度小于45度。

逆向断层

地面由于受到挤压而造成的岩石层中的断裂，一般会造成上部边缘上升到下部岩石的上面，与水平面形成45°~90°的倾斜角。

黏滞性的

一种衡量标准，用来衡量由物质回应到其自身上的作用力而产生的对流动的抵抗力。熔岩中的硅含量越高，黏滞性越高。

培雷式喷发

火山喷发的一种类型，带有一个不断生长的黏滞性熔岩穹丘。穹丘很可能由于重力作用倒塌或由于短暂的爆炸而被摧毁。培雷式喷发会产生火成碎屑流或炽热的火山灰云。培雷式喷发是以马提尼克岛上的培雷火山命名的。

喷气孔

在火山表面的裂隙、裂缝，或火山活动区的蒸汽和气体排放通道，通常温度很高。排放的绝大部分气体是蒸汽，但是喷气孔排放物可能包括二氧化碳、一氧化碳、二氧化硫、硫化氢（H_2S）、甲烷、氯化氢（HCl）等等。

破火山口

火山在岩浆房崩塌后留下的大型的圆形洼地。

普林尼式火山喷发

极为猛烈的爆炸式火山喷发，连续向大气中喷射大量的火山灰和其他火成碎屑物质，形成8~40千米高的喷发柱。该名词是以小普林尼的名字命名的，他在公元79年观测到维苏威火山（意大利）的喷发。

轻石

多孔、密度低的一种浅色火山岩，通常为酸性（流纹岩）。轻石上的孔是由火山气体在火山物质冲向地面时扩张形成的。

穹丘

杯状凸起，侧部陡峭，由黏滞性熔岩积聚形成。通常穹丘是由安山岩、英安岩或流纹岩岩浆形成的。穹丘的高度可达数百米。

热点

地幔内的热量集中点，能上升至远离构造板块边缘的地面。

热液浊变

岩石和矿物的化学变化，由岩浆体中升起的富含挥发性化学元素的高温水溶液产生。

熔岩

到达地球表面的岩浆或熔化的岩石。

熔岩弹

火山喷出的大量熔岩块，直径等于或大于3.2厘米。

熔岩流

从火山中流出的，在地面上像河水一样流动的熔岩。

山崩

由火山山坡不稳定造成的大量岩石和其他物质的快速运动。不稳定可能由多种原因造成，比如熔岩入侵火山结构、大地震、热液变化造成火山结构弱化等等。

渗水层

地壳中允许水到达的更深层的地层。

绳状熔岩

表面光滑，形状像绳子的熔岩。

死火山

长时间没有显示任何活动迹象的火山，被认为发生喷发的可能性非常小。

无震区

地球上构造稳定的地区，在那里几乎没有地震。比如北极地区就是无震区。

武尔卡诺型喷发

火山喷发的一种类型，特点是短暂的爆炸性喷发，可以将物质喷射到高达15千米的大气层。这种类型的活动通常与地下水和岩浆的互动相关（射气岩浆喷发）。

岩基

由岩浆侵入事先存在的岩层之间而形成的大型岩浆体。

岩浆

地表深处大量熔化的岩石，包括溶解的气体和水晶。当岩浆失去气体并到达地表时，称为熔岩。如果岩浆在地壳内冷却，就形成火成岩。

岩浆房

火山内部炽热的岩浆所在的部分。

岩颈

火山内部固化的熔岩柱。

岩流圈

地球内部的一层，地幔的一部分。

岩墙

横切与其毗连的岩石结构层面的板状火成侵入岩。

岩石圈

地球外层的坚硬部分，由地壳和地幔的外层组成。这是在俯冲消减带被破坏的一层，也是从海洋中脊生长出来的一层。

液化

由于地震的作用，地面从固态向液态转变的过程。

余震

在一次大地震之后，因岩块定位而造成的小震动或地震。

震动

地球表面能够感知到震动或地面晃动的地震事件，不会造成损害或破坏。

震源

地球内部释放地震波的地区，携带岩石在压力下积聚的能量。

震中

地震中位于震源正上方的地球表面上的点。

震中地区

围绕地震震中的地区，通常是震感最强烈、受害最严重的地区。

震中距

地球表面观测到地震的位置到震中的距离。

正断层

岩石层上的断裂区域。在这个断裂区，地面得到伸展，通常会造成断层面上层岩石相对于下层断面的向下位移。

宙

地质时期中最长的时间单位，数量级比代更长。

转换断层

板块以相反的运动方向滑过彼此，造成边缘摩擦的断层。

索 引